미생물과의 마이크로 인터뷰

연세대 최우수강의 교수의 미생물 교실

김응빈 지음

|주|자음과모음

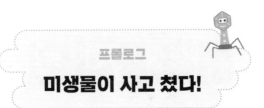

미생물이 사고 쳤다!

이름에 '작을 미(微)'를 쓰는 미생물은 말 그대로 아주 작은 생명체입니다. 맨눈으로는 볼 수 없죠. 우리 주변에 늘 득실거리고 있는데도 말이에요. 얼마나 많냐고요? 지구에 사는 미생물 수를 다 더하면 우주의 별을 모두 합한 숫자를 훌쩍 뛰어넘어요.

천문학에서는 보통 은하 하나에 적어도 1000억 개의 별이 있을 것으로 추정합니다. 이런 은하가 1000억 개라면 별은 모두 몇 개일까요? 숫자 1 뒤로 0을 22개나 써야 합니다. 얼마나 큰 수인지 가늠이 잘 안 되죠? 그럼 이건 어때요? 1조 곱하기 100억 개! 정말 엄청난 숫자입니다. 그런데 지구에 존재하는 미생물 수는 이보다 더 많다고 하니 믿기 어려울 만해요. 하지만 지금 우리 입속에 있는 미생물만 해도 그 종류가 무려 700종이 넘습니다.

우리는 온통 미생물 세상에서 살고 있지만 미생물에 대해 잘 모르거나 잘못 알기 일쑤예요. 그래서 간혹 코로나19처럼 우리를 위협하는 미생물이 등장하면 다른 미생물까지 오해받는 일도 생기죠. 이러한 오해를 풀고 편견을 바로잡고자 미생물들이 모여 비상대책회의를 열었습니다.

"코로나19 팬데믹(Pandemic)으로 인해 사람들의 오해가 커졌습니다. 지금 바로잡지 않으면 아무 잘못 없는 다른 미생물마저 나쁜 악당 취급을 받을 수도 있습니다. 우리 미생물이 설 자리는 점점 더

좁아질지도 몰라요. 더는 보고만 있을 수 없습니다."

비상대책회의에서 의장을 맡은 시아노박테리아(남세균)가 먼저 말문을 열었습니다. 시아노박테리아는 대략 30억 년 전 광합성 능력을 익혀 원시 지구의 대기에 최초로 산소를 공급하기 시작한 미생물이에요.

"2019년에 등장한 코로나19는 3년 넘게 사람들을 공포와 혼돈의 도가니로 몰아넣었습니다. 시간이 지날수록 그 기세가 꺾이기는커녕 수차례 대유행을 통해 변이 바이러스로 거듭났죠. 역사적으로 보면 팬데믹(감염병 세계 유행)이 새로운 현상은 아닙니다. 하지만 코로나19처럼 오랫동안 맹위를 떨친 적은 없었어요. 사람들의 인내심이 한계를 넘어서면서 미생물에 대한 원성이 그 어느 때보다 큽니다."

"발효와 친환경 분야를 중심으로 미생물의 진정한 가치를 알아주는 사람이 늘고 있었는데, 코로나19가 여기에 찬물을 끼얹은 격입니다. 하루 빨리 사태가 악화되는 것을 막아야 합니다."

시아노박테리아의 뒤를 이어 유산균이 말했습니다. 유산균은 발효를 통해 사람에게 유익하다고 알려진 대표 미생물입니다. 생태계와 인간의 삶에 이바지하는 모습이 속속 발견되면서 미생물이 더럽거나 징그러운 것이라는 편견에서 조금씩 벗어나고 있었죠. 그 어느 때보다 인간과 화기애애한 관계를 맺고 이를 발전시켜 나가려는 찰나에 코로나19가 불쑥 나타난 것입니다.

"맞습니다. 물론 사람들은 간혹 우리를 함부로 대하기도 합니다. 반대로 우리도 한 번씩 무력시위를 해서 그들의 경각심을 일깨울 때도 있죠. 하지만 조화로운 공생을 깨지 않기 위해 최소한의 예의와 넘지 말아야 할 선은 지켜야 한다고 생각합니다."

대장균이 유산균의 의견을 지지하고 나섰습니다. 인류의 탄생에서부터 사람과 함께 살아온 대장균은 아마 누구보다도 인간과 사이좋게 지내고 싶어 하는 미생물일 거예요. 평화와 공생을 주장하는 대장균의 발언에 회의장이 술렁이기 시작했습니다.

그때 한탄 바이러스가 입을 열었습니다.

"저는 사람 몸에 들어가 출혈과 고열을 일으키고, 때로는 목숨까지 위협하는 유행성출혈열 바이러스입니다."

한탄 바이러스의 첫마디에 어수선하던 분위기가 잠잠해졌습니다. 그가 과연 어떤 폭탄 발언을 내놓을지 긴장감이 감돌았죠.

"그런 제가 봐도 무증상 감염까지 일으킨 코로나19는 도를 넘었습니다. 하지만 일이 이렇게까지 된 데에는 인간도 상당한 책임이 있다고 생각해요. 2009년 조류 인플루엔자부터 사스(SARS)와 메르스(MERS)까지 수차례 경고를 보냈음에도 사람들은 딱히 태도에 변화를 보이지 않았습니다. 병원성 미생물 단속에 앞서 사람들에게 진정한 변화 의지를 촉구하는 게 순서라고 봅니다."

한탄 바이러스의 말을 이어받아 조류 인플루엔자 바이러스도 거들었습니다.

"이른바 '신종 감염병'이라는 말을 퍼뜨린 장본인으로서 이것만은 꼭 짚고 넘어가야겠습니다. 조류 인플루엔자가 유행할 때마다 사람들은 철새를 탓합니다. 철새가 우리를 옮기는 건 사실입니다. 바꾸어 말하면, 철새가 우리에게 감염된 거죠. 그런데 정작 철새들에게는 조류 인플루엔자 바이러스가 그다지 크게 문제가 되지 않습니다. 약한 개체 일부가 희생되긴 하나 대다수는 감염되어도 별 증상이 없어요. 아주 오래전부터 가까이 붙어살면서 서로 익숙해졌기 때문입니다.

여기서 하나의 의문이 생깁니다. 우리와 철새는 옛날부터 그럭저럭 잘 지내 왔는데, 왜 21세기에 들어 갑자기 조류 인플루엔자가 자주 유행하는 걸까요? 우리는 그대로인데 상황이 급변했다면 인간 쪽에서 무슨 변화가 생긴 것이 아닐까요?"

두 바이러스의 말은 엄청난 파장을 일으켰습니다. 무거운 사안 앞에서 발언을 아끼던 미생물들이 고성을 주고받으며 회의장은 순식간에 아수라장으로 변했습니다. 인간에게 책임이 있다는 주장을 지지하는 미생물 쪽에서 인간을 규탄하는 목소리가 터져 나왔고, 그에 대립하는 의견을 가진 미생물들 역시 크게 맞섰죠.

시아노박테리아가 의장으로서 분위기 수습에 나섰습니다.

"다들 진정하세요! 우선 중요한 사실을 지적해 주어 고맙습니다. 저 역시 인간이 닭과 오리를 키우는 방식에 주목해 왔습니다. 공장식 축산 양계장에서는 A4 용지보다도 좁은 공간에서 닭을 키우는 경우가 다반사입니다. 그렇게 열악한 환경에서 평생을 살아야 하는 닭은

스트레스로 면역 기능이 떨어진
공장식 축산 양계장 닭

스트레스로 면역 기능이 떨어지는 게 당연합니다. 게다가 밀집된 공간에 가둬 놓았으니, 인간이 조류 인플루엔자 유행에 어느 정도 책임이 있다고 보는 시선도 이해가 됩니다."

사실 사람과 미생물의 관계는 그리 간단하지 않습니다. 모두가 저마다의 방식대로 생명을 이어 가는 법이니까요. 그런데 인간에게 해롭다는 이유로 종종 박멸 대상으로 지목받는 일부 미생물들은 언제나 불만을 품고 있었죠. 이에 코로나19 바이러스의 친척인 사스 바이러스가 말했습니다.

"저는 2002년 11월부터 2003년 7월까지 전 세계 8000명이 넘는 사람을 감염시켰습니다. 그 결과 800여 명이 목숨을 잃고 말았죠. 인간에게 살짝 경각심만 주려고 했는데 일이 너무 커져 버려

서 저도 무척 당혹스러웠습니다. 솔직히 1980년에 천연두 바이러스가 멸종된 이후 박멸 운운하면서 나대는 인간들에게 경고하고 싶었습니다. 또한 천연두 바이러스의 고지식함이 아니었다면 인간이 천연두를 박멸할 수 없었다는 엄연한 사실도 깨닫게 하고 싶었어요."

사스 바이러스는 거침없이 말을 이었습니다.

"천연두 바이러스는 감염된 환자와 직접 접촉해야만 전염됩니다. 인체를 떠나서는 살 수 없는 이 바이러스를 옮기는 동물이 없거든요. 게다가 물집이 얼굴에 집중되어 나타나기 때문에 병에 걸리면 금방 알아볼 수 있죠. 그래서 환자가 발견되면 즉시 격리하여 전염을 차단하고 환자를 치료할 수 있단 말이에요. 극히 예외적인 바이러스 하나를 결딴내 놓고는 우리를 계속 깔보기에 한번 단단히 혼쭐내면 좀 달라질 줄 알았습니다. 그런데 아니었죠. 포기하다시피 이제는 그냥 관심을 끊고 조용히 살려고 했는데, 코로나19 바이러스 사태가 터진 거예요!"

갈수록 격앙되어 가는 미생물들을 진정시키기 위해 대장균이 아이디어를 떠올렸습니다. 그리고 제안했죠.

"빠른 사태 해결은 물론이고 시시비비를 제대로 따지려면 인간과의 소통이 절실합니다. 기자회견을 열어 대화의 자리를 마련하는 게 어떨까요? 한탄 바이러스의 고향이기도 한 대한민국에 나름대로 우리의 처지를 대변하겠다고 나선 미생물학자가 있다고 들었습니다. 'K 교수'에게 미생물과 인간이 소통할 수 있는 자리를 만들어 달라고 부탁해 보면 좋을 것 같습니다."

헤모필루스 인플루엔자 세균이 동의하며 말했습니다.

"저는 인플루엔자 바이러스와 함께 독감을 악화시키는 2차 병원균입니다. 1892년 독감에 걸린 환자의 코에서 처음으로 분리되어 세상에 알려졌죠. 우여곡절을 거쳐 1920년에 지금의 이름을 얻었습니다. 사람들이 제가 독감을 일으킨다고 오해했기 때문입니다. 다들 잘 알다시피 독감은 바이러스가 원인이잖아요. 잘 모르고 실수로 작명한 건 어쩔 수 없다 치더라도 오류를 바로잡지 않는 건 당최 이해할 수가 없습니다. 이 기회에 오해를 푸는 것도 중요합니다."

시아노박테리아가 반색하며 고개를 끄덕였습니다.

"좋은 생각입니다! 일단 원활하고 효율적인 진행을 위해서 사전 질문을 받읍시다. 그런 다음 각 물음에 대해 합의된 답변을 가지고 우리 중 누군가가 대표로 나가 대화하는 게 좋겠습니다. 어떻습니까?"

그렇게 사람과 미생물의 인터뷰가 성사되었습니다. 대표로는 시아노박테리아가 나서게 되었죠. 그 현장으로 함께 가 볼까요?

차례

프롤로그   미생물이 사고 쳤다! —— 4

1장   미생물의 이야기를 들어 주세요!

(1)   미생물은 왜 전염병을 일으키는 건가요? —— 17

(2)   해로운 병원균, 미생물을 박멸할 순 없나요? —— 27

(3)   감염되는 게 도움이 된다고요? —— 36

(4)   고대 바이러스가 깨어나면 어떤 일이 일어날까요? —— 44

(5)   미생물은 어디서든 살 수 있나요? —— 53

(6)   사람과 함께 사는 반려 미생물이라고요? —— 64

2장 미생물이 무슨 도움이 되나요?

(1) 미생물이 사람을 치료하는 의사가 된다고요? —— **77**

(2) 땅을 살리는 미생물 농부가 있다고요? —— **87**

(3) 빠르게 먹어 치워서 환경 오염을 줄여요? —— **98**

(4) 미생물도 먹지 못하는 게 있나요? —— **108**

(5) 작은 미생물이 무슨 힘이 있나요? —— **116**

(6) 우리가 미생물을 먹고 있다고요? —— **124**

3장 미생물과 함께 살아갈 수 있을까요?

(1) 미생물이 없으면 지구에 무엇도 못 산다고요? —— **137**

(2) 인간도 미생물 진화의 산물이라고요? —— **146**

(3) 미생물과 갈등이 생기면 어떻게 싸워야 할까요? —— **156**

(4) 적이 아닌 친구로 지낼 수 있을까요? —— **165**

(5) 공생으로 시너지 효과를 얻을 수 있나요? —— **173**

(6) 미생물, 미래를 열어 주세요! —— **182**

참고 문헌 —— **197**

참고 사이트 —— **199**

1장

미생물의
이야기를
들어 주세요!

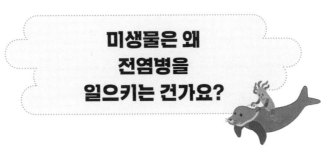

미생물은 왜
전염병을
일으키는 건가요?

먼저 간단한 퀴즈로 시작해 보겠습니다. '그렇다' '아니다'로 대답해 보세요.

감염병과 전염병은 같은 말일까요?

정답은 '아니다'입니다. 똑같은 말이라고 생각하는 사람들이 많지만, 사실 조금 다릅니다. 먼저 감염(感染)과 전염(傳染)의 뜻부터 살펴볼까요? 국립국어원의 표준국어대사전에 따르면, 전염은 '병이 남에게 옮는 것'이고, 감염은 '병원체인 미생물이 동물이나 식물의 몸 안에 들어가 증식하는 일'입니다. 즉, 사람과 사람 사이에 병원체가 이동하여 생기는 것이 전염병, 사람뿐만 아니라 공기나

흙 또는 다른 생물 등에서 병원체가 옮아 생기는 것이 감염병이에요. 전염병은 감염병 안에 포함된다고 할 수 있죠.

여기서 한 가지 꼭 짚고 넘어가야 할 것이 있습니다. 국어사전에 있는 감염의 정의에서 볼 수 있는 '병원체인 미생물'이라는 표현인데요. 이는 '미생물은 곧 병원체'라고 생각하는 사람들의 인식을 여실히 보여 주는 것 같아 씁쓸합니다. 무고한 대다수 미생물이 애꿎게 피해 보는 일이 없도록 '병원성 미생물'이라고 하는 것이 정확하겠죠. 특정 감염병을 일으키는 병원균은 극히 일부니까요. 이들만 보고 미생물 모두를 병원균이라고 생각하는 일은 없었으면 좋겠습니다. 미생물 입장에서는 굉장히 억울한 일이거든요. 이번 기회에 미생물이 어떤 존재인지 제대로 알려지기를 기대해 봅니다.

감염은 미생물이 숙주(宿主)의 몸 안에 들어가 그 수를 늘리며 사는 상태입니다. 이때 그 결과로 생기는 건강 이상을 감염병이라고 하죠. 하지만 감염이 반드시 감염병으로 이어지는 건 아닙니다. 코로나19 사태를 겪으며 익숙해진 '무증상 감염'을 예로 들 수 있어요. 그리고 감염병은 사람과 사람 사이에 옮을 수 있는 '전염성'과 그렇지 않은 '비전염성'으로 크게 나눌 수 있죠.

사람과 마찬가지로 미생물도 어떻게든 잘 살아 보려고 갖은 애를 씁니다. 미생물에게 '잘 살기'란 가능한 한 많이 먹고 빨리 자

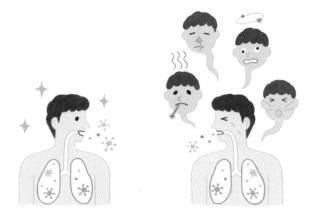

감염되어도 증상이 없는 무증상 감염(좌)과 여러 건강 이상이 나타나는 감염병(우)

라서 종족 수를 최대한 늘리는 것입니다. 그래서 때와 장소를 가리지 않고 게걸스럽게 먹고 자라기에 몰두하죠. 이런 특성 탓에 의도치 않게 인간에게 불편을 끼치기도 합니다. 사실 모든 미생물은 잠재적으로 감염병을 일으킬 수 있거든요.

병을 일으키는 미생물은 극히 일부라고 하더니 왜 한 입으로 두 말하냐고요? 다들 진정하고 들어 주세요. 특정 병을 일으키는 병원균이 극히 일부인 것은 맞습니다. 그런데 잘못된 시간에 잘못된 장소에 있을 경우 모든 미생물이 잠재적으로 감염병을 유발할 수 있다는 말입니다. 예를 들어, 인체의 장(腸) 속에 사는 정상적인 대장균은 비타민도 만들고 잡균을 쫓아내기도 하면서 사람을 도와

쥐요. 그런데 이런 유익균도 자칫 항문과 가까운 요도로 들어가서 살게 되면 문제아가 되고 맙니다. 그 대장균의 성장이 여러분에게 는 감염으로 나타나니까요. 실제로 대장균은 요로감염의 주요 원인으로 가장 많이 발견됩니다.

아울러 병원성이 없거나 미약한 미생물조차 면역 기능이 약해진 사람에게는 감염병을 일으킬 수 있어요. 이를 '기회감염'이라고 합니다. 다시 말하지만 우리 미생물 대다수는 인간에게 감염병을 선물하고 싶지 않습니다. 다만 타고난 증식 본성을 어쩔 수 없기에 문제가 되는 거죠.

전염병에 있어서 감염병을 일으키는 병원체를 옮기는 근원, 즉 감염원을 아는 것은 중요합니다. 감염원은 사람이나 동물일 수도 있고, 사물일 수도 있어요. 그런데 말이죠. 놀랍게도 인체 감염병의 가장 주요 감염원은 바로 인체 그 자체입니다.

"누구와 말하지도, 접촉하지도 말라."

영화 〈컨테이젼〉(2011)이 개봉했을 당시 포스터에 있던 말입니다. 약 10년이 지난 지금, 이 말은 유감스럽게도 현실이 되어 버렸네요. 코로나19 이후 비대면과 자가 격리, 사회적 거리 두기가 일상이 되었으니까요.

영화에서 의문의 바이러스가 퍼지는 과정을 한번 살펴볼까요? 자연환경 개발로 인해 서식지를 잃은 과일박쥐가 마을로 날아듭니다. 과일박쥐의 몸에 살던 바이러스와 함께 말이에요. 그리고 돼지우리 천장에 매달려 있던 박쥐의 배설물을 돼지가 넙죽 먹어 버리죠. 이제 바이러스는 박쥐에서 돼지로 옮겨 갔습니다. 하지만 이를 모른 채 농장 주인은 그 돼지를 도축해 고급 식당에 요리 재료로 공급합니다. 유명 요리사가 돼지고기를 손질하던 중 손님의 기념 촬영 요청을 받고 행주로 손을 훔친 뒤 주방을 나갑니다. 손님은 요리사와 손을 잡은 채 사진을 찍었어요. 이후 손님의 손에 묻은 바이러스는 그의 손길이 닿는 모든 것을 거쳐 이 사람 저 사람에게 옮겨집니다. 그렇게 바이러스가 전 세계로 퍼지죠. 그는 자기도 모르게 움직이는 감염원이 된 거예요.

영화에서처럼 21세기 신종 감염병은 야생동물에서 오는 경우가 주를 이룹니다. 현재 알려진 감염병의 약 70퍼센트는 사람과 동물에게 공통으로 감염을 일으키는 병원성 미생물이 원인입니다. 이와 같이 사람과 동물 사이를 오가며 전파되는 감염병을 인수공통감염병이라고 불러요. 인류 역사를 보면, 이런 병원체는 주로 가축에서 사람으로 넘어왔습니다. 야생동물을 길들여 기르기 시작한 신석기 시대부터 말입니다. 그래서 인류는 소에게서 홍역, 천연두, 결핵 같은 병원체를 일찌감치 얻었죠.

'신종 감염병'이라는 말은 기존에 없던 것이 새롭게 생겨났다는 오해를 부르기 쉽습니다. 하지만 사실은 새로 생긴 것이라기보다 최근 크게 유행하면서 새롭게 인지된 감염병을 의미하는 것에 가까워요. 즉, '떠오르는 감염병'인 셈입니다.

신종 감염병의 증가는 병원체의 진화뿐만 아니라 세계적으로 빠른 여행 및 운송이 증가하는 것과 깊은 관련이 있습니다. 교통이 편리해진 만큼 사람들은 더 많이 여행하고, 더 자주 다른 사람과 마주치죠. 이동이 잦아질수록 기존 질병은 새로운 지역 또는 집단으로 퍼집니다. 또한, 환경 파괴와 기후 변화 등으로 이전에는 좀처럼 접하지 못했던 감염성 미생물에 새롭게 노출되는 경우가 많아졌어요. 코로나19 팬데믹 역시 이 같은 요인들이 복합적으로 작용한 결과입니다.

사실 코로나바이러스의 존재는 이미 1930년대 초반부터 알려져 있었습니다. 닭에서 처음으로 발견된 이후 동물, 특히 가축에게 호흡기 및 소화기 관련 감염병을 유발하는 것으로 여겨졌죠. 그러다 1960년대부터 사람에게 일반적인 기침감기를 일으키는 코로나바이러스가 보고되기 시작하더니, 2000년대 이후 전에 없이 강력한 병원성을 지닌 신종이 연이어 나타났어요. 사스와 메르스 사태 모두 이들이 일으킨 난동입니다. 사스는 중증급성호흡기증후군(Severe Acute Respiratory Syndrome), 메르스는 중동호흡기증후군(Middle East Respiratory Syndrome)을 줄여서 부르는 말이에요. 둘 모두 호흡기에 병을 일으키죠.

코로나19의 유전 정보는 박쥐 코로나바이러스와 가장 비슷한 것으로 드러났습니다. 이는 코로나19가 박쥐 몸에 살던 바이러스에서 유래했음을 강력하게 시사하는 증거라고 할 수 있어요. 사스와 메르스 바이러스 역시 박쥐를 최초 감염원으로 의심하고 있습니다. 특히 코로나19와 사스 바이러스는 사향고양이나 천산갑, 또는 둘 모두를 거쳐 인간에게 넘어왔을 가능성이 매우 유력하다고 해요.

코로나19 같은 바이러스는 살아 있는 생명체, 곧 '숙주' 안에서만 증식할 수 있습니다. 그런데 이들이 동물 숙주에서는 별문제를 일으키지 않는 경우가 많아요. 코로나바이러스도 그런 경우죠. 동물 숙주와 코로나바이러스는 수백만 년에 걸쳐 함께 지내면서 서로에게 큰 피해를 주지 않고 공존할 수 있도록 진화해 왔습니다. 이렇게 병원체를 지니고 있지만 해를 입지 않고 감염원으로 작용하는 숙주를 보유숙주라고 합니다.

보유숙주 밖으로 나온 바이러스는 일정한 시간 내에 새로운 숙주를 만나야 합니다. 그렇지 않으면 사멸되어 버려요. 문제는 숙주를 갈아타는 과정에서 인간이라는 낯선 숙주를 만날 기회가 점점 많아지고 있다는 거예요. 일반적으로 동물에서 유래한 바이러스가 인간에게 치명적인 이유는 이 '낯섦'에 있습니다. 쉽게 말해서 바이러스가 자신의 집인 줄 알고 사람의 몸에 들어갔는데 생전 처음 보는 곳인 거죠. 당황해서 어찌할 바를 모르다가 빨리 나오려고 발버둥을 치다 보니 그만 낯선 숙주에게 치명적인 피해를 주고 맙니다.

여러분은 미생물 세상에서 살아갑니다. 자연계에는 아직 사람이 접하지 못한 무수히 많은 미생물이 있죠. 인간과 미생물은 서로 영향을 주고받으며 살고 있어요. 인간이 무엇인가를 하면 우리는 변화하고, 그러면 다시 여러분에게 그 영향이 돌아갑니다. 인간에게 생활 방식을 완전히 바꾸라고 강요할 수는 없습니다. 다만 생존을 위한 미생물의 노력이 때로는 사람에게 감염이라는 문제로 다가올 수 있다는 사실을 기억했으면 좋겠습니다. 부디 우리가 잘못된 길로 빠지지 않도록, 그리고 병원성 미생물이 몸속에 침입하지 못하도록 특별히 신경 써 주시기 바랍니다. 다 같이 살려면 서로를 배려하는 마음이 필요하지 않을까요?

미생물의 개인정보를 공개합니다!

- 이름 : 코로나19 바이러스(공식 명칭 : 사스-코로나바이러스-2)
- 소속 : RNA 바이러스
- 나이 및 발견 시기 : 2019년
- 최초 발견 장소 : 중국 우한
- 인상착의 : 지름 약 100nm의 공 모양. 외막에 단백질 돌기가 있다.
- 주소 및 서식지 : 포유류의 호흡기
- 사람과의 관계 : 발열과 호흡기 질환을 유발한다.
- 관련 바이러스와 유전자 동일성

96%
박쥐 코로나바이러스

91%
천산갑 코로나바이러스

80%
사스 코로나바이러스

55%
메르스 코로나바이러스

50%
일반 감기 코로나바이러스

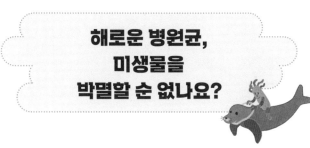

해로운 병원균,
미생물을
박멸할 순 없나요?

우선 결론부터 이야기하면, 절대 그럴 수 없습니다! 무엇보다도 사람의 눈에는 우리 미생물이 안 보이잖아요. 그런데 어떻게 추적해서 없앨 수 있나요? 부패나 질병처럼 미생물의 활동에 따른 결과가 나타나고 나서야 우리의 존재를 인지하면서 말이죠.

아하! 21세기 첨단 기술을 동원하면 된다고요? 그 의견 일부 인정합니다. 코로나19 바이러스처럼 표적 미생물을 정해 놓고 항원 검사나 유전자 증폭 검사를 통해 전방위적으로 추적하면 색출이 가능할지도 모르겠네요. 당연히 쉽지는 않겠지만요. 그런데 색출이 곧 박멸은 아닙니다. '슈퍼박테리아'로 대표되는 항생제 내성균과 변이 바이러스를 익히 경험했듯 앞으로도 그런 미생물이 등장할 테니까요. 사실 변이는 무작위로 변하는 환경 속에서 미생물이 살아가는 생존 기술 가운데 하나입니다. 항생제 내성을 예로 들어 볼까요?

이해를 돕기 위해 '적응' 개념을 먼저 짚고 갈게요. 사람들은 보통 적응을 환경 또는 조건이 변한 다음 거기에 맞게 반응하는 것으로 생각합니다. 하지만 이렇게 선 변화 후 적응 방식이라면 항생제 내성균은 생겨나지 않을 겁니다. 잘 생각해 보세요. 일단 치명적인 항생제 공격을 받고 나서 맷집을 키워 내성균이 된다는 게 말이 되나요? 치명적인 공격을 받고 이미 죽은 미생물은 적응을 할 수 없습니다.

그래서 여러분이 흔히 말하는 적응을 생물학에서는 '순응'이라고 합니다. 즉, 순응은 개체 수준에서 주변 환경 요인에 맞춰지는 변화이고, 적응은 여러 세대에 걸쳐 일어나는 변화를 말해요. 생물은 항상 무작위로 변하기 때문에 모든 생물 집단 내에는 다양한 변이체가 존재합니다. 그리고 새롭게 바뀐 환경에 적합한 개체만이 살아남아요. 이를 적자생존(適者生存)이라고 말합니다. 따라서 생명체의 적응이란 환경 변화와 변이가 우연히 맞아떨어진 결과라고 볼 수 있습니다.

그런데 변이는 왜 생길까요? 바로 돌연변이 때문입니다. 돌연변이는 말 그대로 '돌연히 유전자(DNA)에 생기는 변이'를 뜻해요. 그리고 돌연변이를 가진 개체를 돌연변이체라고 합니다. 모든 세포는 분열하기 전에 다음 세대에게 물려줄 모든 유전 물질을 복제합니다. 컴퓨터 자판을 두드려 어떤 원고의 사본을 만드는 것과 비슷하죠. 제아무리 뛰어난 타자수라도 실수로 오타를 낼 수 있듯이 유전 물질을 복제하는 효소 역시 아주 드물게 실수를 범합니다.

대장균에서는 보통 1억 번에 한 번꼴로 돌연변이가 생깁니다. 아주 낮은 확률이지만, 일단 발생하면 그 돌연변이의 개체 수는 엄청난 속도로 늘어납니다. 대장균은 최적 환경에서 약 20분마다 한 번씩 세포 분열을 하고, 그때마다 개체 수가 두 배로 늘어나기 때문이죠. 즉, 대장균 한 마리는 단 하루 만에 2^{72}마리, 그러니까 47해 2236경 6482조 8696억 5000만 마리로 증식합니다.

대부분의 돌연변이는 해로운 영향을 미치지만, 드물게 유익한 돌연변이가 나타나기도 합니다. 미생물 입장에서 말하자면, 항생제에 노출되는 세균 집단에서 항생제 내성을 가진 돌연변이는 생존에 큰 이익이 되죠. 여기에 놓쳐서는 안 되는 아주 중요한 사실이 숨어 있습니다. 항생

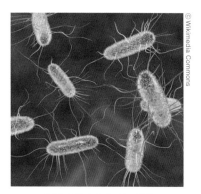

포유류의 창자 속에 사는 대장균

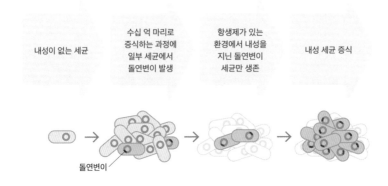

내성이 없는 세균

수십 억 마리로 증식하는 과정에 일부 세균에서 돌연변이 발생

항생제가 있는 환경에서 내성을 지닌 돌연변이 세균만 생존

내성 세균 증식

돌연변이

항생제 내성을 가진 돌연변이체 발생과 증식

제는 내성 돌연변이를 일으키는 원인이 아니라는 점이에요. 항생제 공격으로 정상 세균이 사라지면 돌연변이 세균은 서식지를 독점해서 번성합니다.

돌연변이는 우연히 그러나 필연적으로 발생합니다. 따라서 항생제 내성균의 발생을 최소화할 수 있는 가장 좋은 방법은 내성균에게 유리한 환경을 만들지 않는 거예요. 무리하게 박멸에 힘쓰기보다 해를 끼치는 미생물이 나대기 쉬운 환경을 만들지 않는 것이 우선이라고 생각합니다.

생각해 보세요. 미생물이 모두 박멸된다면 여러분의 삶이 나아질까요? 만약 미생물이 모두 사라지면 아마도 불편과 고통을 겪을 거예요. "든 자리는 몰라도 난 자리는 안다"라는 속담이 있죠.

누군가 또는 무언가가 곁에서 없어지고 나서야 비로소 그 가치를 알게 된다는 뜻입니다.

미생물이 없으면 여러분은 김치와 요구르트를 비롯한 각종 발효 식품을 더는 먹을 수 없습니다. 병원균이 사라진다면 그 정도는 감수할 수 있다고요? 그러면 이런 상황도 견뎌 낼 수 있을까요?

혹시 '고산병'이라고 들어 보았나요? 해발 2000~3000미터 이상의 높은 산에 오르면 인체는 산소 부족에 반응합니다. 이런 환경에 익숙하지 않은 사람은 피로감과 두통, 구토 등의 증상을 겪는데, 이를 고산병이라고 해요. 저산소에 대한 순응 능력은 사람마다 달라서 길게는 몇 주가 걸리기도 합니다. 그나마 이렇게라도 견딜 수 있는 산소 농도는 16퍼센트 정도가 한계치입니다. 이보다 더 산소가 부족해지면 결핍 증상으로 이어져 호흡 곤란과 의식 저하, 최악의 경우 사망에 이를 수도 있습니다.

미생물이 전부 없어지면 약 21퍼센트인 대기 중 산소 농도는 10퍼센트 남짓으로 곤두박질칠 거예요. 주로 물에 사는 광합성 미생물이 우리가 숨 쉬는 산소의 절반 정도를 공급하고 있으니까요. 그렇게 되면 사람은 물론이고 거의 모든 동물이 삶을 마감할 수밖에 없습니다.

나무를 더 심으면 된다고요? 식물은 동물보다 조금은 더 버티겠지만, 미생물이 없으면 마찬가지 운명이에요. 식물이 뿌리를 통해 흡수하는 영양소 대부분은 미생물이 아니면 애당초 만들어지지 않거든요. 대표적으로 천연 질소비료 합성은 미생물 중에서도 극소수의 특별한 세균만이 할 수 있는 고난도 작업입니다. 이에 대해서는 뒤에서 더 자세히 설명하기로 할게요.

지금 여러분이 아는 범위 안에서는 지구가 생명체를 품고 있는 유일한 행성입니다. 그래서 흔히 지구와 지구의 생명체를 대단히 특별한 존재라고 생각하죠. 그러나 우주 차원에서 보면 지구는 골디락스 지대에 있는 운 좋은 행성일 뿐입니다.

'골디락스'는 영국의 전래동화 「골디락스와 곰 세 마리」에 등장하는 소녀의 이름에서 유래했습니다. 동화에서 곰은 소녀에게 뜨거운 수프, 차가운 수프, 적당한 온도의 수프를 주는데, 골디락스는 적당한 온도의 수프를 먹고 좋아해요. 그래서 우주에서 너무 덥지도 춥지도 않은 지역을 골디락스 지대라고 부르게 되었죠.

지구는 태양계에서 골디락스 지대에 있고, 지금까지 알려진 행성 중 유일하게 표면에 물이 흐르고 있습니다. 골디락스 지대가 생명체 탄생의 선결 조건임에는 동의합니다. 하지만 이것만으로 지금 날고, 뛰고, 헤엄쳐 다니는 존재들의 출현을 설명하기에는 아무래도 부족해 보이네요. 요컨대, 원시 지구의 대기에는 산소가 없었습니다. 현재 거의 모든 생물은 산소가 있어야 살 수 있는데 말입니다. 분명히 또 다른 무언가의 역할이 있지 않았을까요?

시아노박테리아의 조상은 식
물이 출현하기 훨씬 이전부터 광
합성을 하며 살았습니다. 빛을 이
용하여 이산화탄소와 물을 재료
로 당분(포도당)을 만들고 산소를
내뿜었어요. 시간이 흐르면서 대
기에는 산소가 나날이 쌓였습니
다. 그중 일부는 오존으로 바뀌어
오존층을 이루면서 자외선으로
부터 생명체를 지키는 보호막 역
할을 하기 시작했죠. 또한 산소를

광합성을 통해 산소를 만드는 시아노박테리아

머금은 공기는 산소 호흡을 하는 생명체가 진화하는 길을 열어 주
었습니다. 실제로 화석 증거는 공기에 산소가 상당히 축적되는 시
점부터 다양한 생명체가 속속 나타났다는 것을 보여 줍니다.

장장 46억 년에 걸친 지구 역사를 하루(24시간)로 생각하면, 새
벽 5시쯤(36억 년 전) 최초 세균이 탄생한 뒤로 밤 9시까지는 미생
물만의 세상이었어요. 이때 미생물은 지구가 지금과 같은 푸른 행
성이 될 수 있는 기본 환경을 만들어 나갔죠. 덕분에 마지막 3시
간 동안 고생대, 중생대, 신생대에 걸쳐 '삼엽충 → 어류 → 양서
류 → 파충류 → 조류 → 포유류'로 이어지는 생물 진화가 일어날

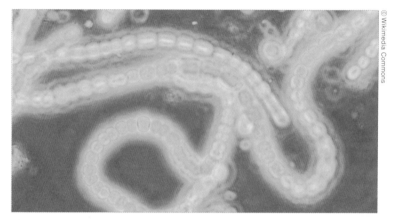

현미경을 통해 본 시아노박테리아의 모습

수 있었다고 자부합니다. 그리고 자정이 되기 30초 전쯤 맨 마지막으로 인류의 직계 조상인 호모 사피엔스(*Homo sapiens*)가 등장했답니다.

지구의 터줏대감 격인 미생물은 인류는 물론이고 모든 생물이 탄생하는 데 산파 노릇을 했습니다. 그리고 지금까지 그들의 삶을 도우며 함께하고 있죠. 다시 한번 부탁드립니다. 모든 미생물을 해로운 병원균으로 생각하지는 말아 주세요.

- 이름 : 대장균(학명 : *Escherichia coli*)
- 소속 : 세균
- 나이 및 발견 시기 : 1885년
- 발견자 : 독일의 생리학자 테오도어 에셰리히(Theodor Escherich)
- 인상착의 : 2~4×4~0.7µm의 막대 모양. 한쪽 끝이 둥글고 편모를 가지고 있다.
- 주소 및 서식지 : 사람을 비롯한 포유류의 창자
- 특징 및 사람과의 관계 : 대장균은 연구가 가장 많이 된 생명체이다. 이를 통해서 사람들은 세포 수준에서 일어나는 생명 현상의 기본을 이해하게 되었다. 또한 대장균은 원조 '세포공장, 즉 정밀 화합물과 의약품을 비롯하여 각종 유용 물질을 생산하도록 설계한 미생물로서 생명공학산업을 이끄는 주역이다. 하지만 일명 '햄버거병'이라는 식중독을 일으키는 '대장균 O-157:H7' 같은 병원성 대장균도 일부 있다.

감염되는 게 도움이 된다고요?

감염이 되면 십중팔구 감염병에 걸린다는 사실을 뻔히 알면서 굳이 왜 이런 질문을 하는지 처음에는 무척 의아했습니다. 그런데 곰곰이 생각해 보니, 무증상 또는 약한 감염이 더 큰 감염병을 막는 데 도움이 되는지를 말하는 것 같더군요. 백신에 대해 알고 있다면 답을 짐작할 수 있을 거예요. 도움이 되는 경우가 있습니다.

옛날 사람들은 미생물의 존재를 알기 훨씬 전에 고통스러운 경험을 통해 아주 중요한 걸 깨달았습니다. 천연두처럼 어떤 감염병은 한번 걸렸다 회복하고 나면 다시는 그 병에 걸리지 않는다는 사실이죠.

18세기 초반, 영국 시인 메리 몬터규(Mary Montagu)는 터키에서 천연두에 걸린 사람의 고름을 바늘 끝에 살짝 발라 건강한 사람에게 찌르는 걸 보고 깜짝 놀랐습니다. 그런데 더 놀라운 건 이런 시술을 받은 사람이 대략 일주일 정도 가볍게 앓고 난 뒤에는 천연두에 걸리지 않는다는 사실이었죠.

또 1796년 영국 의사 에드워드 제너(Edward Jenner)는 우유를 짜는 사람은 천연두에 걸리지 않는다는 속설에 주목했습니다. 당시 사람들은 이들이 늘 소와 밀접 접촉하면서 소에서 나타나는 훨씬 약한 천연두인 '우두'에 걸리기 때문에 그렇다고 믿었죠. 제너도 우두 병원체 감염이 치명적인 천연두로부터 사람을 보호해 줄 거라고 생각했습니다. 그리고 우두에 걸린 여인의 물집에서 나온 진물을 바늘에 묻혀 어린 남자아이의 팔을 살짝 긁었습니다. 긁힌 부위는 부풀어 올랐고, 며칠 뒤 아이는 가벼운 우두 증세를 보였어요. 다행히 곧 회복된 소년은 평생 천연두에 걸리지 않았습니다.

지금 생각하면 제너의 행동은 윤리적으로 문제가 큽니다. 검증되지 않은 속설을 믿고 멀쩡한 사람에게 병원체(우두 바이러스)를 일부러 감염시킨 거니까요. 물론 결과적으로 그 소년은 천연두에 걸리지 않게 되었고, 이를 통해 특정 감염병에 대한 예방 면역 효과를 인위적으로 유도할 수 있다는 사실을 발견했습니다. 그렇다고 해서 안전성이 검증되지 않은 채로 사람에게 바이러스 감염 실

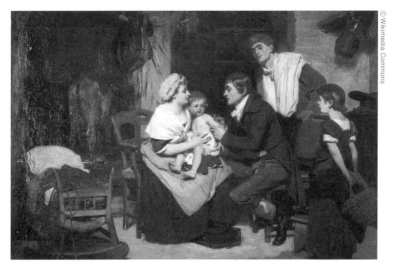

〈아이에게 예방접종을 하고 있는 에드워드 제너(Edward Jenner vaccinating a boy)〉
(외젠 에르네스트 힐레마셰르, 1884)

험을 했다는 비난을 피할 수는 없습니다.

그로부터 약 100년 뒤 최초의 백신이 개발되었어요. 제너를 첫 백신 개발자로 아는 사람들이 많지만, 그는 단순히 예방접종을 처음으로 시도한 사람입니다. 백신을 처음으로 개발한 사람은 프랑스 과학자 루이 파스퇴르(Louis Pasteur)입니다.

미생물 사이에서 파스퇴르는 최초의 '미생물 기획사 대표'로 통합니다. 그는 "자연계에서 한없이 작은 것들의 역할이 한없이 크다"라는 명언을 남길 정도로 미생물의 참모습을 간파하고 우리를 세상에 제대로 데뷔시켰으니까요.

1857년 파스퇴르는 효모(이스트)가 포도주(알코올) 발효를 일으키는 주인공임을 밝혀내 온 세상에 알렸습니다. 이후 미생물학을 연구한 그는 1861년에 자연발생설이 틀렸음을 증명하고, 1864년에 저온살균법을 개발하는 등 굉장한 업적을 많이 남겼어요. 파스퇴르의 연구 성과 덕분에 사람들은 그동안 눈에 보이지 않아 막연하고 신비스럽게 여

미생물학의 토대를 만든 파스퇴르

겼던 많은 현상을 미생물과 연관 짓기 시작했습니다. 특히 인류를 괴롭혀 온 각종 감염병에 대해서도 미생물과 관련된 연구가 진행됐죠. 파스퇴르 역시 가축 감염병을 예방하는 방법을 연구하기 시작했습니다.

1877년 닭 콜레라 연구를 시작한 파스퇴르는 바로 이듬해 그 원인균을 배양하는 데 성공했습니다. 그리고 그는 병원성 미생물과 자연스럽게 연결되는 백신으로 연구 범위를 넓혀 나갔죠. 1878년에 파스퇴르는 여름휴가를 마치고 돌아와 휴가를 떠나기 전에 키웠던 세균 배양액 일부를 뽑아 닭에게 주입했습니다. 그런데 놀랍게도 닭들이 콜레라에 걸리지 않는 거예요. 그 배양액에서 추출한

병원균을 새로 키워서 투여했지만 결과는 마찬가지였습니다.

파스퇴르는 휴가 동안 방치된 배양액 속 세균이 약해져서 병을 일으키지 못했다고 추정했습니다. 반복 실험을 통해 이를 확인했죠. 나아가 약해진 병원균을 이용하면 정상균에 대한 보호 효과를 얻을 수 있다고 생각했어요. 그리하여 수행한 동물실험 결과는 그의 생각이 옳았음을 입증해 주었고, 1880년 마침내 연구 성과를 세상에 알렸습니다. 이때 파스퇴르는 약해진 병원균을 백신(Vaccine)이라고 명명했는데, 여기에는 제너의 업적을 기리는 의미가 담겨 있답니다. 백신은 라틴어로 소를 뜻하는 '바카(Vacca)'에서 유래했기 때문이에요.

파스퇴르는 '약독화 생균백신'을 최초로 개발하기는 했지만, 그 작동 원리는 몰랐어요. 약해진 병원체가 어떻게 감염병에 대한 내성을 주는 걸까요? 현대 생물학에서는 이를 '면역 획득'이라고 부릅니다.

앞서 이야기한 것처럼 생존을 위해 여러분 몸으로 침입하고 감염시킬 기회를 노리고 있는 미생물이 많습니다. 물론 인체도 이에 맞선 훌륭한 방어 능력을 지니고 있죠. 바로 '면역'입니다.

면역은 크게 비특이적 면역과 특이적 면역으로 나뉩니다. 일반적으로 비특이적 면역은 태어날 때부터 선천적으로 갖추고 있고, 특이적 면역은 살아가면서 후천적으로 얻을 수 있습니다.

비특이적 면역은 사나운 악어가 사는 해자(垓字)로 둘러싸인 단단한 성(城)으로 비유할 수 있어요. 생물학적으로 설명하면, 제1방어선(성벽)은 주로 피부가 맡고 있고, 그 뒤를 백혈구(악어)가 주도하는 제2방어선(해자)이 받치고 있죠. 비특이적 면역은 항상 작동하면서 침입 대상을 가리지 않고 신속히 반응합니다.

반면에 특이적 면역은 제1, 제2 방어선을 뚫고 들어온 침입자에 특이적으로 반응하는 맞춤형 방어입니다. 특이적 면역은 침입자를 격퇴하는 단백질과 그것의 주요 특징을 기록하는 기억세포가 힘을 합쳐 이루어집니다. 이때 침입자를 물리치는 단백질은 항체, 침입자의 특징은 항원이라고 불러요. 생명체를 공격하는 항원이 몸속에 침입했을 때 기억세포 덕분에 백신을 만들 수 있는 거죠.

백신을 통해 기억세포와 항체가 힘을 합쳐 침입자를 물리치는 예방접종의 원리

백신은 쉽게 말해서 병원성이 없거나 약한 병원체의 일부, 즉 항원입니다. 항원을 아주 적은 양 투입하면 면역계는 실제로 감염이 일어난 것처럼 반응하면서 기억세포가 항체를 만들어요. 이것이 예방접종의 원리입니다. 미리 면역계를 실전 같은 훈련을 통해 단련시키는 거죠.

면역은 인간 세포와 이를 둘러싼 미생물의 투쟁이 낳은 산물입니다. 즉, 면역은 우리 미생물의 존재 때문에 진화한 것이죠.

면역이 제 기능을 하려면 제일 먼저 '나'와 '남'을 잘 구분할 수 있어야 합니다. 그리고 나서 공격 여부와 그 정도를 결정해야 하죠. 상대를 봐 가면서 올바르게 대응해야지, 무조건 싸우려고 달려들면 오히려 낭패를 볼 수 있습니다.

미생물의 개인정보를 공개합니다!

- 이름 : 맥주효모 또는 빵효모(학명 : *Saccharomyces cerevisiae*)
- 소속 : 곰팡이
- 인상착의 : 지름 5~10㎛의 타원 모양
- 주소 및 서식지 : 야생 맥주효모의 주 서 식지는 익은 과일 표면

© Wikimedia Commons

- 특징 : 세포 일부분이 떨어져 나가 하나 의 세포가 되는 무성생식(출아법)과 유 성생식이 모두 가능하다.
- 사람과의 관계 : 빵과 맥주, 포도주 발효를 일으키고, 그 자체로 프로바이 오틱(Probiotic)이다.
- 발견에 얽힌 이야기 : 1680년 네덜란드의 포목상 안톤 판 레이우엔훅 (Anton van Leeuwenhoek)이 직접 제작한 현미경을 사용하여 처음으 로 효모를 관찰했으나, 맥아 가루라고 생각했다. 그리고 1755년에 영국 에서 편찬된 영어사전에 수록된 효모를 뜻하는 '이스트(Yeast)'는 '술을 만들고 빵을 부풀리기 위해 넣는 첨가물'이라고 정의되었다. 당시에는 아무도 효모가 살아 있다고 믿지 않았고, 발효에 필요한 화학 물질 정도 로 여겼다. 1857년 파스퇴르가 산소가 없는 상태에서 효모가 당분을 알 코올로 발효한다는 논문을 발표하면서 마침내 효모의 참모습이 세상에 알려졌다.

고대 바이러스가 깨어나면 어떤 일이 일어날까요?

21세기 들어서 거의 해마다 전 세계가 숨 막히는 불볕더위에 시달립니다. 게다가 갈수록 그 강도는 세지고 있죠. 여름이면 기상 관측 이래 최고 기온이라는 보도가 연일 쏟아져 나오고, 점점 더 사태가 악화될 거라고 하니 보통 문제가 아닙니다. 그런데 여기에는 미생물과 관련된 섬뜩한 예측도 포함되어 있습니다.

지구 온난화로 인해 남북극 빙하와 영구동토층(永久凍土層)은 나날이 녹고 있습니다. 영구동토란 지층의 온도가 낮아 항상 얼어 있는 땅을 가리킵니다. 미생물 입장에서는 솔직히 이런 상황이 살짝 설레기도 해요. 왜냐고요? 얼음 속에 잠들어 있던 우리의 조상

들이 해빙과 함께 기나긴 동면에서 깨어
나면 반가운 얼굴을 만날 수 있을 테
니까요. 그렇지만 여러분은 이 현
상을 엄중한 사건으로 받아들
여야 합니다.

해빙으로 깨어나는 고대 바이러스

　오늘날 남북극을 중심으로
분포하고 있는 영구동토층은
공룡이 살던 시대에는 지금
과 같은 겨울 왕국이 아니었답니다. 빙하기에 지구 온도가 내려가
면서 꽁꽁 얼어 버린 거라고 해요. 그래서 이곳에는 아득히 먼 옛
날에 활동하다가 얼음 속에 갇혀 버린 수많은 미생물이 존재할 것
으로 예측됩니다. 이 가운데는 각종 바이러스를 포함해서 미지의
병원성 미생물도 있을 가능성이 크죠.

　실제로 2016년에 시베리아의 한 지역에서 영구동토층이 녹으
면서 오랫동안 갇혀 있던 탄저균이 깨어난 일이 있었어요. 그 결
과, 탄저병으로 순록 1500여 마리가 떼죽음을 당하고 인명 피해
까지 입었습니다. 사람들은 이런 세균(박테리아)에 대해서는 다행
히 항생제라는 방어 무기를 가지고 있습니다. 하지만 얼음 속에서
깨어난 미생물이 바이러스라면 이야기가 전혀 달라지죠.

　코로나19 사태를 통해 이미 경험했잖아요. 기존 바이러스에 대

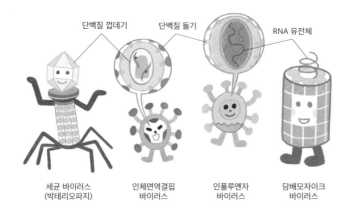

단백질 껍데기　단백질 돌기　RNA 유전체

세균 바이러스　인체면역결핍　인플루엔자　담배모자이크
(박테리오파지)　바이러스　바이러스　바이러스

여러 종류의 바이러스와 구조

항할 수 있는 무기도 아직 완벽히 준비하지 못했는데, 새로운 바이러스를 만나면 어떻게 되겠어요? 당장은 속수무책일 수밖에 없는 게 현실입니다. 이 난국을 도대체 어떻게 헤쳐 나갈 수 있을까요? '지피지기백전불태(知彼知己百戰不殆)'라고 했습니다. 상대를 알고 나를 알면 백 번을 싸워도 위태롭지 않다는 뜻입니다. 이처럼 바이러스를 제대로 아는 게 우선이라고 생각합니다.

　바이러스가 살아 있는 생명체인지 아닌지는 상당히 애매합니다. 흔히 바이러스는 세포의 형태를 갖추지 못했다는 이유로 생물로 치지 않아요. 하지만 숙주 안에만 들어가면 그 어떤 생명체보다 빠르게 자라 증식합니다. 따라서 무생물이라고 할 수도 없죠.

현대 생물학에서는 편의상 바이러스를 '비세포성 미생물'로 간주합니다.

바이러스는 너무 작아서 전자현미경으로만 볼 수 있습니다. 인간의 적혈구가 야구장 크기라면, 바이러스는 야구공만 합니다. 바이러스는 그 구조 역시 매우 단순합니다. 단백질 껍데기 속에 유전 물질로 DNA 또는 RNA 한 종류만 들어 있는 입자예요. 대개 동물 바이러스는 추가로 기름(지질)막에 둘러싸여 있는데, 이 외막은 보통 감염했던 숙주의 세포막에서 유래합니다.

바이러스는 세균에서 인간에 이르기까지 지구상의 모든 생명체를 감염합니다. 그래서 흔히 감염시키는 대상(숙주)에 따라 동물, 식물, 세균 바이러스로 크게 나눕니다. 달리 말하면, 바이러스는 숙주 범위가 매우 좁다는 이야기이기도 합니다. 그런데 최근 들어 신종 코로나바이러스 같은 것들이 그 장벽을 조금씩 넘어서고 있는 것 같습니다.

설상가상으로 코로나19는 앞선 사스나 메르스 바이러스에서는 보이지 않던 특징도 보입니다. 우선 상대적으로 치사율은 낮지만, 전염 속도가 압도적으로 빨라요. 게다가 기존 코로나바이러스와는 달리 잠복기에도 전염되는 무증상 감염도 일으키고요. 도대체 무슨 일이 일어난 것일까요? 이에 대해서는 돌연변이가 그 답의 실마리를 쥐고 있습니다.

숙주 세포에 침입해 그 체계를 강탈하여 증식하는 바이러스는 대장균보다 더 빠르게 증식하고 돌연변이 발생률도 훨씬 높습니다. 그중 으뜸은 유전 물질로 RNA 한 가닥을 가지고 있는 바이러스입니다. 공교롭게도 인체에 감염병을 일으키는 바이러스 대부분이 여기에 속하네요. 이들이 숙주 세포에 감염해서 증식할 때마다 돌연변이가 적어도 한두 개씩은 생겨납니다.

바이러스가 침입하려면 먼저 숙주 세포에 있는 특정 단백질(수용체)과 결합해야 합니다. 아이러니하게도 숙주 단백질이 침입자의 가이드 역할을 하는 셈이죠. 코로나바이러스의 경우에는 바이러스 외막에 있는 돌기가 숙주 세포와 결합하는 기능을 합니다. 그런데 끊임없는 돌연변이를 거치면서 인간 세포의 수용체에 들어맞는 돌기가 무작위로 생겨난 거죠. 그리고 때마침 인간을 만나 숙주를 갈아탈 수 있게 된 겁니다.

바이러스의 입장에서 보면, 병원성을 약화하는 돌연변이도 나름 괜찮아요. 증상이 약하면 감염된 숙주가 일상생활을 그대로 지속하면서 훨씬 더 많은 숙주를 만날 기회를 제공하거든요. 반대로 여러분은 최악의 곤경에 빠질 수 있겠지만요.

숙주 밖으로 나온 바이러스는 얼마 지나지 않아 감염성, 곧 생존 능력을 잃어버립니다. 그래서 바이러스의 숙주 갈아타기를 차단하면 아주 효율적으로 감염을 예방함과 동시에 퇴치할 수 있죠.

이것이 바로 '사회적 거리 두기'의 과학적 배경입니다. 그런데 유출된 바이러스가 사멸하기 전에 얼음 속에 갇히면 생존력을 그대로 유지할 수 있습니다.

매년 얼음에서 풀려나는 미생물(세균, 곰팡이, 바이러스)의 수는 적게는 10경(10^{17})에서 많게는 10해(10^{21})에 이르는 것으로 추정합니다. 이렇게 자유로워진 미생물 가운데 상당수가 바이러스이고, 이들은 바다로 가장 많이 흘러들어 갑니다. 빙산 대부분이 바다와 접촉하고 있기 때문이죠. 이는 바이러스에게는 행운이지만 인간에게는 불길한 일입니다. 바다는 바이러스가 널리 퍼져 나가기에 참 좋은 환경을 제공하니까요.

미생물은 파도에 몸을 싣고 두둥실 떠다니다 다양한 바다 생물을 만납니다. 무리 지어 강과 바다를 오가면서 산란과 먹이 활동 등을 하는 회유성(回游性) 어류나 먼 거리를 오가는 해양 포유류는 바이러스에게 국경을 넘나드

해양 동물과 함께 퍼져 나가는 미생물

는 세계 여행의 기회를 마련해 줍니다. 게다가 각종 기생충이 바이러스의 중간 숙주 역할을 하면서 전파의 범위와 속도를 증가시킵니다.

얼음 속에 갇혔던 고대 바이러스가 바다로 흘러들 가능성에 대한 증거와 논리는 충분해 보입니다. 그런데 이 수많은 바이러스를 모두 추적하여 조사하는 건 거의 불가능하죠. 그러니 인류 보건에 가장 중요한 후보군을 정해서 집중적으로 관리하는 게 최선이라고 생각합니다. 제가 보기에는 RNA 바이러스가 영순위입니다. 인체 감염을 일으키는 바이러스의 대다수를 차지할 뿐만 아니라, 돌연변이율도 높아서 숙주를 갈아탈 확률이 제일 커 보이기 때문입니다.

인플루엔자 바이러스를 비롯한 여러 병원성 RNA 바이러스가 전 세계 바다와 강, 연못 등에 널리 존재한다는 사실은 이미 확인되었습니다. 이들 대부분은 얼렸다가 녹여도 생명력을 유지하는 것으로 나타났고요. 얼음이 고대 바이러스의 주된 저장소가 된다는 추론에 힘을 실어 주는 실험 결과입니다.

실제로 인플루엔자 바이러스는 바다표범 무리에서 종종 유행성 독감을 일으킨다는 사실이 밝혀졌습니다. 외막이 온전하면 이 바이러스 입자는 바닷속에서 며칠이나 생존할 수 있어요. 물이 차가울수록 더 오래 살아남을 수 있죠. 자칫 해양 포유류 전체로 감염이 퍼지면 그 피해는 엄청날 겁니다. 더욱이 일부 인플루엔자 바이러스는 철새를 통해 육지로도 광범위하게 퍼집니다. 그런데 보통 야생 조류에서는 아무런 증상이 나타나지 않아요. 그래서 감염된 새들이 문제없이 원하는 대로 날아다니면서 바이러스를 더 멀리 운반하죠.

자, 지금 어떤 생각이 드나요? 이미 깨어난 바이러스야 어쩔 수 없지만, 잠자는 얼음 속 바이러스를 더는 깨우지 말아야 한다는 위기감이 느껴지죠!

냉정하게 말하면 이런 상황을 만든 건 다름 아닌 사람입니다. 인간 중심적 세계관이 지구 온난화를 비롯한 여러 재난을 초래하고 있는 셈이죠. 인간을 위해 했던 일들이 반대로 인간에게 해를 가져온 꼴입니다. 이 상황을 어떻게 바로잡을 수 있을까요? 다른 생명체와도 함께 공존할 수 있는 넉넉한 세계관을 만들어야 합니다. 결코 쉽지 않은 일일 거예요. 하지만 우리 모두가 함께 살아가기 위해 꼭 필요한 일입니다. 앞으로 어떤 길을 어떻게 가야 할지 모두 함께 머리를 맞대고 찾아보아야 합니다.

20세기 최초의 팬데믹을 불러온
인플루엔자 바이러스

1918년에 처음 발생해 2년 동안 2500만~5000만 명의 목숨을 앗아간 인플루엔자 바이러스가 있습니다. 이른바 '스페인 독감'이죠. 스페인 독감을 일으킨 바이러스는 지금 물러갔지만, 그 후손들이 전 세계적으로 거의 모든 계절 독감을 일으켰어요. 1957년 아시아 독감, 1968년 홍콩 독감, 2009년 조류 독감 등이 모두 이들 소행이었습니다.

인플루엔자 바이러스 A형은 길이가 다른 여덟 개의 RNA 조각을 단백질 껍데기 안에 가지고 있습니다. DNA와 함께 핵산을 이루는 RNA는 모든 생물의 세포에서 DNA에 있는 유전 정보를 읽어 내 단백질을 만드는 데 관여합니다. 그런데 일부 바이러스는 DNA 대신 RNA를 유전 물질로 가지고 있죠. 그리고 이를 다시 기름막이 싸고 있는데, 여기에 박힌 두 가지 단백질 돌기 'HA(적혈구 응집소)'와 'NA(뉴라민 분해 효소)'가 미생물학적, 의학적으로 매우 중요합니다.

현재 HA와 NA 항원에는 각각 18개(H1~H18), 11개(N1~N11)의 아형이 알려져 있습니다. 아형 번호가 다르다는 것은 돌기 단백질에 상당한 차이가 있음을 의미하죠.

항원 변이의 근본 원인은 돌연변이입니다. HA와 NA 항원 변이가 심하지 않은 경우에는 기존 백신과 치료제로도 효과를 기대할 수 있습니다. 그러나 인플루엔자 바이러스가 가진 여덟 개의 RNA 조각이 재배열되는 유전적 재조합으로 인해 변이가 발생하는 경우, 새로운 독감 팬데믹을 초래할 위험이 커집니다.

미생물은 어디서든 살 수 있나요?

여러분이 어디를 상상하든지 어떤 미생물은 반드시 거기에 있을 거라고 답하면 건방져 보일까요? 하지만 사실입니다.

산소가 없으면 사람은 곧 질식사하고 맙니다. 그런데 많은 미생물(주로 세균)은 이런 상황에서도 아무런 문제가 없답니다. 산소 대신 다른 물질을 이용하여 숨 쉴 수 있거든요. 이 같은 능력을 흔히 '혐기성(嫌氣性) 호흡'이라고 부르더군요. 혐기성은 공기를 싫어한다는 뜻입니다. 그런데 이는 사실과 조금 다릅니다. 아마도 일본식 한자를 옮기면서 붙여진 이름 같은데, 미생물이 대해 제대로 알았다면 사실과 다르게 이름 짓지는 않았을 거예요. 영어로는 공기

(산소)가 없다는 뜻에서 '어네어로빅(Anaerobic)'이라고 해요. 한국어로도 '무산소 호흡'이라고 하는 것이 더 정확할 것 같습니다.

산소 없이 숨 쉬는 미생물 대부분은 산소가 있는 환경에서는 여러분처럼 산소 호흡을 즐깁니다. 그러다가 산소가 없는 경우에만 무산소 호흡을 하죠. 다른 생명체는 할 수 없는 이들만의 특기인 셈입니다. 물론 절대혐기성 세균처럼 산소를 접하면 죽어 버리고 마는 미생물도 일부 있긴 합니다. 이들은 제가 속한 시아노박테리아 가문을 아주 싫어하죠. 제 조상이 광합성을 하면서 산소를 배출하는 바람에 잘 살던 터전을 버리고 산소를 피해 꼭꼭 숨어야 하는 처지가 되었기 때문입니다.

산소를 만나면 죽는다는 사실이 쉽게 이해가 안 되나요? 혹시 '활성산소'에 대해 알고 있나요? 피부 관리 제품 광고에서 피부 노화의 주범이라며 자주 언급되곤 하죠. 산소 호흡으로 사는 생명체의 세포 안에서 전자와 산소가 잘못된 결합을 하는 일이 가끔 생기는데요. 이런 잘못된 만남의 결과물이 바로 활성산소입니다. 활성산소는 반응성이 매우 커서 세포 자체 또는 구성 물질을 파괴합니다. 천방지축으로 날뛰는 불량배처럼 애꿎은 주변 사람에게 괜히 시비를 걸어 해코지하는 격이죠. 그래서 활성산소가 노화의 주요 원인 가운데 하나로 꼽히는 것이고요. 그러니까 문제는 산소 자체가 아니라 활성산소입니다.

산소를 접하며 사는 생명체는 활성산소를 제거하는 효소를 가지고 있습니다. 그런데 절대혐기성 세균은 이런 효소를 갖추지 못했어요. 그래서 여러분에게는 생명수 같은 산소가 이들에게는 사약이 되어 버리고 만 거죠. 그렇다고 불쌍히 여기지는 않아도 괜찮습니다. 그들 나름대로 사람의 창자 속을 포함해 다양한 무산소 환경에서 잘 살고 있으니까요. 아무나 들어올 수 없는 그들만의 세상이잖아요. 하하!

이번에는 깊은 바닷속으로 가 볼까요? 보통 2000미터보다 깊은 바다를 심해저라고 하는데, 이곳에는 뜨거운 바닷물이 솟구쳐 나오는 열수구가 있습니다. 쉽게 말해서 열수구는 심해에서 일어나는 화산 활동입니다. 마그마와 함께 배출되는 바닷물 온도는 섭씨 200~400도에 달하죠. 여기에는 황화수소와 철을 비롯한 구리, 납, 아연, 은, 망간 등 여러 광물이 녹아 있어 검은색을 띱니다. 이 때문에 검은 연기가 뿜어져 나오는 것처럼 보인다고 하여 이 물기둥을 블랙 스모커(Black Smoker)라고 부르기도 한답니다. 바로 여기서 상식을 파괴하는 고세균 하나가 1997년에 발견되었습니다.

고세균은 다른 생물이 살 수 없는 험악한 환경에서도 잘 살 수 있는 능력을 지닌 미생물 집단입니다. 고세균의 영문명 아키아(Archaea)는 '고대의' '원시의'를 뜻하는 접두사 'Archaeo-'에서 유래했습니다. 이들의 서식 환경이 원시 지구와 비슷하다고 생각했

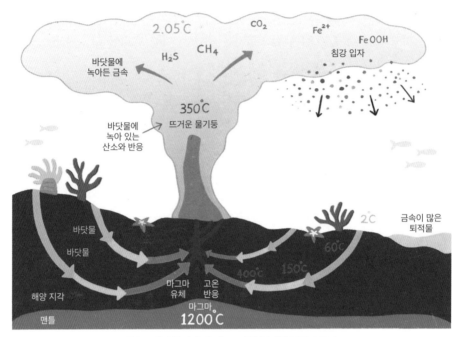

열수구에서 뿜어져 나오는 뜨거운 물기둥 블랙 스모커

기 때문이죠. 가령 끓는 물에 가까운 온천수나 사해처럼 염분 농
도가 높은 곳 등이 여러 고세균의 보금자리입니다. 흥미롭게도 방
귀 성분의 30퍼센트 정도를 차지하는 메탄가스는 일부 고세균만
이 만들 수 있답니다. 즉, 여러분 장 속에도 고세균이 많이 살고 있
습니다.

　과학자들은 열수구에서 발견한 고세균에게 파이롤로부스 퓨
마리(*Pyrolobus fumarii*)라는 학명(공식 이름)을 부여했습니다. 생물

은 계(界)·문(門)·강(綱)·목(目)·과(科)·속(屬)·종(種)으로 크게 분류할 수 있는데 '파이롤로부스'는 속명, '퓨마리'는 종명입니다. 파이롤로부스는 불을 뜻하는 그리스어 'Pyro'와 껍데기를 뜻하는 라틴어 'Lobus'가 합쳐진 것이고, 퓨마리는 연기를 뜻하는 라틴어 'Fumus'에서 유래했어요. 정말 탁월한 작명이라고 생각합니다. 단백질 껍데기를 가진 알균(구균)이고, 블랙 스모커가 솟구치는 열수구 주변에서 분리되었음을 명백하게 알려 주는 이름이니까요.

퓨마리는 섭씨 106도에서 제일 왕성하고, 113도에서도 자랍니다. 심지어 섭씨 121도 고압멸균기에서도 1시간 동안이나 생존할 수 있다고 해요. 이렇게 뜨거운 온도로 15분만 찌면 다른 미생물은 보통 모두 끝장나는데 말입니다. 더구나 퓨마리는 열수구에서 나오는 황화합물만 있으면 먹거리 걱정도 없습니다. 하지만 섭씨 90도 이하로 내려가면 추워서 못 살죠.

그런데 이보다 더한 고수가 있어요. '균주 121'이라는 고세균입니다. 2003년에 발견된 이 고세균은 고압멸균기 속에 넣고 섭씨 121도로 온종일 삶아도 멀쩡하다니 무슨 말이 더 필요하겠어요. 저도 미생물이지만, 펄펄 끓는 물에서 유유자적하는 이들이 그저 놀라울 따름입니다.

심해저에서 고세균들이 발견되기 전에는 테르무스 아쿠아티쿠스(*Thermus aquaticus*)라는 세균이 최고의 인기를 누렸어요. 학명도

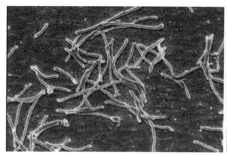

테르무스 아쿠아티쿠스(좌)와 이 세균이 사는 옐로스톤 국립공원 온천(우)

열을 뜻하는 그리스어 'Thermos'와 물을 뜻하는 라틴어 'Aqua'에서 유래했는데, '타크(Taq)'라는 별명도 가지고 있답니다. 1966년 미국 옐로스톤 국립공원에 있는 온천수에서 분리된 이 세균은 섭씨 70도에서 가장 잘 자라고, 80~90도까지도 거뜬합니다. 반대로 섭씨 50도 아래로 내려가면 살지 못해요.

뜨거운 물에 사는 만큼 타크가 지닌 효소 역시 열에 강합니다. 이 가운데에는 인간에게 요긴한 게 많아요. 대표적으로 타크가 자기 DNA를 복제하는 데 사용하는 효소는 현대 생명공학의 핵심인 '중합 효소 연쇄 반응(PCR, Polymerase Chain Reaction)' 기술의 개발을 가능하게 했죠. 이 기술은 유전자를 증폭시킵니다.

유전자를 증폭하려면 먼저 두 가닥으로 된 DNA를 떨어뜨려야 합니다. 세포에서는 효소가 이를 수행합니다. 시험관에서는 섭씨 90도 정도로 온도만 잠시 올리면 되지만, 이때 DNA 복제 효소

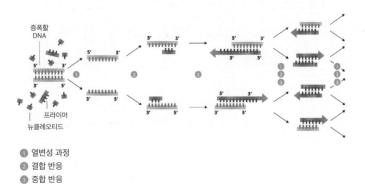

증폭할
DNA

5'   3'

5'   3'

3'   5'

프라이머
뉴클레오티드

● 열변성 과정
● 결합 반응
● 중합 반응

유전자를 증폭시키는 PCR 기술

가 파괴되고 말아요. 그런데 타크 효소라면 다릅니다. 이 점에 착
안해서 1980년대 중반에 PCR 기술이 개발되었습니다. 범죄 수사
영화나 드라마를 보면, 사건 현장에 있는 혈흔이나 머리카락 한
올에 있는 소량의 DNA에서 특정 유전자를 증폭하여 결정적인 증
거를 확보하죠. PCR 기술을 이용한 것입니다. PCR 기술은 유전
병 진단 및 모니터링에도 널리 사용되고 있어요. 뿐만 아니라 신
속 정확한 코로나19 진단 검사도 PCR 기술이 아니면 꿈도 못 꾸
죠. 그 중심에는 타크가 있고요.

이번에는 열에 강한 미생물과는 반대로 강추위에도 끄떡없는
미생물을 소개해 볼게요. 미생물은 세포 하나가 곧 개체인 단세포
생물입니다. 이들은 오로지 맨몸(세포)으로 추위를 견뎌야 합니다.

그런데 버티는 정도가 아니라 아예 추위를 즐기는 미생물도 있답니다. 호냉성(好冷性) 미생물은 추위를 사랑하죠. 북극과 남극을 비롯하여 얼어붙은 환경에서 주로 발견되는 이 미생물은 빙점(섭씨 0도)에서도 자랍니다.

호냉성 미생물 역시 바이오산업에 크게 이바지하고 있습니다. 시중에서 흔히 볼 수 있는 것으로 찬물에서도 때가 잘 빠지는 세제를 예로 들 수 있어요. 보통 이런 제품에는 극지의 바다나 시베리아 벌판처럼 추운 곳에 사는 미생물에서 유래한 단백질 또는 기름 분해 효소가 들어 있답니다. 저온 효소 유전자에 생명공학 기술을 적용하여 분해 능력이 뛰어난 효소를 값싸게 대량으로 생산해서 세제에 첨가한 거예요.

대표적인 호냉성 미생물은 북극 영구동토층 출신 세균인 플라노코쿠스 할로크리오필루스(Planococcus halocryophilus)입니다. 이 세균은 영하 15도에서도 거뜬히 자라고, 영하 25에서도 굳세게 살아갑니다. 이들은 주변 온도가 영하로 내려가면 월동 준비를 합니다. 세포벽을 두껍게 하고, 단백질과 석회를 섞은 물질을 바깥 표면에 바르죠. 단열 처리로 오톨도톨해진 세포벽에 둘러싸인 세포 내부에는 유연성 유지에 필요한 부동제는 물론이고 같은 반응을 수행하는 효소 유전자가 여러 개 갖추어져 있습니다. 한마디로 온도별로 맞춤형 효소를 만들어 사용한다는 이야기죠.

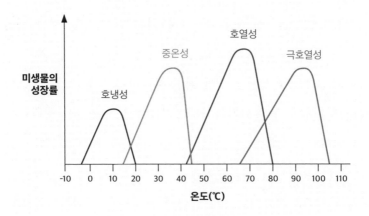

성장 온도에 따른 미생물 분류

하지만 실제로 이 세균이 제일 좋아하고 잘 자라는 온도는 영상 25도이고, 무더위(섭씨 37도) 속에서도 계속 자라요. 꽁꽁 언 땅에 살면서 정작 따뜻함을 선호하다니 의아할 거예요. 여기엔 아주 깊은 뜻이 있답니다.

북극은 보통 북위 66.5도 이북 지역을 지칭해요. 이곳은 태양이 지지 않는 여름 백야와 태양이 뜨지 않는 겨울 극야가 존재할 정도로 계절별 일조량 변화가 매우 큽니다. 그래서 지역에 따라 기온이 여름에는 영상 15도를 웃돌고, 겨울에는 영하 40도 아래로 곤두박질치곤 합니다. 플라노코쿠스 할로크리오필루스가 따뜻한 온도를 좋아하면서도 강추위 속에서 꿋꿋한 것은 계절에 따른 환경 변화를 반영하는 것 같아요. 이러한 점에서 이 미생물은 호냉성이라기보다 엄혹한 환경에서 단련되어 탄생한 전천후 능력자라고 보는 편이 더 적절하겠네요.

이처럼 우리 미생물은 심해 화산 분화구의 고온 고압, 겨울 왕국의 혹한 같은 극한 환경에서부터 산소가 없는 인간의 창자 속에 이르기까지 지구에 있는 모든 환경 조건에서 살아갈 수 있다고 해도 과언이 아닙니다. 여러분이 보기에는 하찮아 보일지 몰라도 미생물은 지구에 존재하는 생물 가운데 환경 적응 능력이 가장 뛰어나답니다.

대한민국이 발견한
새로운 고세균

화산 활동 지역 근처에서 주로 발견되는 열수구는 지구 내부의 열에 의해 가열된 물이 분출되는 곳입니다. 2002년 대한민국의 해양연구선 온누리호는 심해 열수구 미생물을 확보하기 위해 파푸아뉴기니 근처를 탐사하던 중 새로운 고세균을 발견했습니다. 온누리호의 이름을 따서 '서모코커스 온누리누스(*Thermococcus onnurineus*) NA1'이라고 불리게 되었죠. 이 세균은 섭씨 60~90도에서 성장하고, 다양한 수소화 효소를 보유하고 있어요.

2010년 한국해양과학기술원은 NA1의 수소 생산 원리를 밝혀냈습니다. 그리고 2014년에는 NA1의 에너지 생성 원리를 알아냈어요. 뿐만 아니라 2016년에는 NA1의 일산화탄소 적응 현상을 활용하여 '156T' 미생물을 개발하는 데 성공했습니다. 156T는 고부가가치 바이오수소 생산 균주로, 음식물 쓰레기 같은 유기성 폐기물이나 산업체에서 발생하는 가스를 이용하여 수소를 생산하는 미생물입니다. 이는 초고온 고세균 분야에서 보인 세계 최초의 성과예요. 이 같은 해양 심해 미생물의 바이오수소 생산 연구를 통해 친환경 미래 에너지인 수소를 생산하고 일산화탄소를 저감하는 효과를 기대해 볼 수 있습니다.

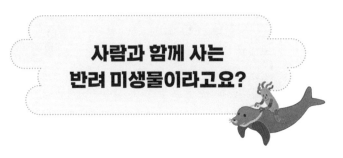

사람과 함께 사는
반려 미생물이라고요?

「2021 한국 반려동물보고서」에 따르면, 대한민국에서는 세 집에한 집꼴로 반려동물을 기르고 있답니다. 그뿐만 아니라 최근에는반려 식물을 가꾸며 즐거움을 느끼거나 지친 몸과 마음을 치유하는 사람도 늘어나고 있다고 해요. 이런 소식을 들으면 사람들에게가족의 일원으로 받아들여지는 반려 동식물이 부러우면서도 서운함이 밀려오네요. 왜냐고요? 원조 반려 생물인 미생물은 쏙 빼놓았으니까요. 『어린 왕자』에 나오는 "정말 중요한 것은 눈에 보이지 않는다"는 말을 되새겨 보기 바랍니다.

건강 기능성 제품 광고에도 자주 등장하는 휴먼 마이크로바이옴(Human Microbiome)에 대해 알고 있나요? 사람의 몸에 사는 미생물을 통틀어 가리키는 말로, 인간 미생물체라고도 합니다.

미생물은 여러분이 세상에 나올 때 제일 먼저 달려가 맞이합니다. 태아는 엄마의 산도를 통과하면서 그곳에 사는 미생물로 샤워를 합니다. 태어난 뒤에는 아기를 돌보는 손길과 음식 따위를 통해 주변 환경에 있는 다양한 미생물이 속속 몸속으로 들어오죠. 이러한 미생물 집단은 아기가 건강하게 자랄 수 있는 바탕인 체질 형성에 중요한 역할을 합니다.

국어사전에서는 체질을 '날 때부터 지닌 몸의 생리적 성질이나 건강상의 특질'이라고 설명하고 있습니다. 생물학적으로 날 때부터 여러분이 지니고 있는 것이 무엇인지 잘 생각해 보세요. 바로 부모에게서 받은 유전자와 미생물이잖아요. 그렇다면 체질은 인간 유전자와 미생물의 합작품인 셈이 되는 거죠.

어! 그다지 달갑진 않은가 봐요? 하지만 이건 정말 중요하고도 다행스러운 일입니다. 타고난 유전자는 어찌할 도리가 없지만, 인간 미생물체는 바꿀 수 있으니까요. 다시 말해, 미생물 조율을 통해 체질을 개선할 수 있습니다. 항상 여러분과 함께하면서 체질 형성과 개선에까지 도움을 주는데, 이 정도면 최고의 반려 생물 아닌가요?

TV에서 '개통령'이라는 별명을 가진 전문가가 "이 세상에 나쁜 개는 없다"고 하더라고요. 문제는 반려견을 잘못 가르친 주인의 태도에 있다는 거예요. 제가 하고 싶은 말이 바로 이겁니다. 우리도 제대로 관리받지 못하면 나쁜 반려 미생물이 되고 말아요. 충치균이 대표적인 경우죠.

스트렙토코쿠스 뮤탄스(*Streptococcus mutans*)는 충치균으로 알려지는 바람에 엄청나게 스트레스를 받고 있습니다. 사람 입안에 사는 뮤탄스는 설탕을 아주 좋아해요. 설탕을 맛있게 먹고 끈적끈적한 당류를 뱉어 내죠. 뮤탄스의 설탕 섭취가 늘어날수록 그 주변 치아 표면에 끈끈이 풀이 많이 묻습니다. 그러면 다양한 미생물이 거기에 들러붙는데, 이를 치태 또는 플라크(Plaque)라고 부릅니다. 아마 치약 광고에서 많이 들어 봤을 거예요. 충치의 원인이라고 하잖아요.

치태에는 보통 수백 종의 세균이 엉겨 붙어서 살고 있습니다. 이들 가운데에는 설탕을 젖산으로 바꾸는 것들이 있죠. 젖산은 치아 표면을 부식시킵니다. 다행히 침이 산을 중화하고 희석해 젖산으로부터 치아를 보호해요. 침에는 세균을 파괴하는 효소와 항균 물질이 들어 있어 세균의 수를 줄여 주기까지 하죠. 그런데 치태가 있으면 침이 투과하는 것을 막는 장벽 역할을 해요. 그러면 그 안쪽에 있는 세균들은 맘 놓고 제 할 일을 계속합니다. 충치가 시작되는 거죠.

오늘날 충치는 인류에게 가장 흔한 전염성 감염병입니다. 그런데 일반적인 다른 감염병과는 중요한 차이점이 하나 있어요. 딱히 원인균을 지목할 수 없다는 점입니다. 비록 뮤탄스가 충치균이라는 오명을 억울하게 뒤집어쓰고 있지만, 엄밀히 이야기

설탕 과다 섭취가 원인이 되는 충치

하면 뮤탄스는 충치균이 아닙니다. 단지 좋아하는 설탕을 먹었을 뿐이죠. 그럼 젖산을 만든 세균이 충치의 주범일까요? 그 아이도 할 말이 많아요. 치아 주위를 지나가다 우연히 뮤탄스가 만든 끈끈이에 달라붙어 버렸거든요. 그 상황에서도 살아 보겠다고 몸부림친 걸 잘못이라고 할 수는 없지 않겠어요? 혹시라도 치태에 있는 미생물 모두가 공범이라는 생각은 접어 두기 바랍니다.

현대식 식단에서 설탕은 다양한 음식에 들어갑니다. 다행히 하루 세끼를 통해 먹는 양은 구강 건강에 큰 부담을 주지 않는다고 해요. 문제는 간식을 통해 수시로 들어오는 설탕이랍니다. 철부지 같은 뮤탄스에게 온종일 설탕 파티를 열어 주는 셈이니까요. 그럴수록 여러분은 충치에 취약해지는 거죠. 설탕 섭취를 줄이고 이를

잘 닦기만 해도 충치를 예방할 수 있습니다. 실제로 뮤탄스는 깨끗한 이에는 잘 붙지 못합니다.

꿀팁을 하나 알려 드릴게요. 뮤탄스는 잇새와 잇몸 주머니(이와 잇몸과 사이의 틈새)처럼 쉽게 씻겨 나가지 않는 치아 부위를 좋아합니다. 그러니 식후에 양치질을 신경 써서 해 보세요. 입속에서 나름대로 열심히 사는 반려 미생물을 충치균으로 만들지 않도록 말입니다.

2018년에 현대 문명과 상당히 떨어져 자연 속에서 살아가는 사람들의 구강 미생물을 조사한 연구 결과가 발표된 적이 있습니다. 이에 따르면, 이들은 소위 문명인보다 훨씬 더 많은 종류의 미생물을 입안에 머금고 있었어요. 그리고 모두 건강한 치아를 가지고 있는 것으로 나타났습니다. 사람들은 의아했죠. 이전까지는 입속에 사는 미생물의 종류가 늘어날수록 구강 건강이 약해진다고 생각했으니까요. 더욱 놀라운 사실은 그동안 유해균, 병원균으로 여겼던 미생물이 그들의 몸에서는 평범한 구성원으로 어엿한 역할을 하고 있다는 점입니다. 충치나 잇몸병을 일으키는 불량 미생물도 환경 조건에 따라 다른 모습을 보인다는 것을 알 수 있죠.

보통 감염병은 몸 밖에서 침투한 미생물이 일으킵니다. 이에 반해 충치의 원인은 입안에 사는 미생물이 제공합니다. 하지만 범인을 콕 집어 말하기는 어렵습니다. 구강 미생물 사이에서 일어나는

수많은 미생물이 살고 있는 인체

역동적이고 기묘한 관계가 어그러져 생기는 문제이기 때문이죠.

사람의 몸에는 대략 1만 종이 넘는 미생물이 산다고 합니다. 단순히 세포 수만 비교하면 어림잡아 인간 세포의 열 배라고 흔히 말해요. 하지만 이는 미생물이 압도적으로 많다는 사실을 강조하기 위한 것이지 정확한 수치는 아닙니다. 중요한 건 인간에게 미생물이 가장 오래되었고 가장 훌륭한 반려 생물이라는 사실이에요.

인간 미생물체에게 사람의 몸은 '즐거운 나의 집'입니다. 그래서 본능적으로 자기 터전에 다른 미생물이 오지 못하게 하죠. 일단 홈그라운드의 이점을 살려 공간과 먹이를 선점하고, 침입자에게 해로운 물질을 내뿜기도 합니다. 마치 반려견이 낯선 사람을 향해 짖거나 공격하는 것처럼요. 여러분은 유능한 마이크로 경비원의 보호를 받는 셈입니다. 요컨대, 인간 미생물체는 반려 생물을 넘어 인체 면역의 최전선에 있는 든든한 동맹군입니다. 뿐만 아니라 면역계의 교육 훈련에도 중요한 역할을 합니다.

처음 태어난 사람의 면역계는 실전 경험이 없는 상태입니다. 학교를 졸업하자마자 갓 회사에 들어온 신입사원과 같죠. 인간 미생물체는 이런 초보 면역계에 맞춤형 체험 학습 기회를 제공하여 미생물에 대한 올바른 판단 능력을 길러 줍니다. 인간의 몸은 수많은 미생물과 함께 초대형 오케스트라 연주를 한다고 볼 수 있어요. 아름다운 화음은 건강의 초석이지만, 불협화음은 질병을 부르는 손짓이 됩니다. 그리고 이 오케스트라의 지휘자는 여러분이 되어야 합니다. 세상에 나쁜 반려 미생물은 없습니다. 부디 우리 미생물을 잘 관리해 주기 바랍니다.

- 이름 : 스트렙토코커스 뮤탄스(학명 : *Streptococcus mutans*)
- 소속 : 세균
- 나이 및 발견 시기 : 1924년
- 발견자 : 영국 출신 의사 제임스 클라크(James Clarke)
- 인상착의 : 지름 1㎛ 내외의 동그란 세균 세포가
  사슬처럼 연결된 연쇄상구균
- 주소 및 서식지 : 사람의 입속과 창자
- 특징 : 산소가 없으면 무산소 호흡을 하는 조건부
  혐기성. 섭씨 18~40도에서 생장하는 중온성이다.
- 사람과의 관계 : 충치 유발

©Wikimedia Commons

우리는 혼자가 아니다!

인간 미생물체에 대한 본격적인 탐구는 2007년에 시작되었습니다. 미국 국립 보건원이 '휴먼 마이크로바이옴 프로젝트(HMP)'를 시작했거든요. 지금까지 밝혀진 바에 따르면, 인체에는 세균만 해도 약 37조 마리나 존재한다고 해요. 세균과 인간 세포의 비율이 대략 4 대 1인 셈이죠. 유전자에서는 그 차이가 훨씬 더 벌어집니다. 단백질을 만드는 유전자 수를 비교하면 세균들이 가진 총합은 사람보다 360배나 더 많답니다.

이들 세균의 유전자는 우리 건강에는 물론이고 생존 자체에 필수적입니다. 사실 사람의 몸은 음식을 소화하는 데 필요한 모든 효소를 가지고 있지는 않습니다. 장내 세균의 유전자에서 만들어지는 효소가 없다면 음식물을 완전히 소화하지 못해 영양분을 제대로 흡수할 수 없어요. 뿐만 아니라 장내 세균은 비타민과 항염증 물질 등 인간의 유전자로는 만들 수 없는 여러 유익한 화합물을 만듭니다.

중요한 것은 미생물 자체가 아니라 이들의 유전자 또는 단백질입니다. 건강한 장 속에는 지방을 소화하는 데 필요한 미생물이 항상 존재합니다. 하지만 이 임무를 수행하는 미생물이 늘 같을 필요는 없습니다. 생물학적인 대사 기능이 중요한 것이지, 이를 제공하는 미생물의 종류는 크게 상관이 없다는 이야기입니다. 운동 경기에서 상황에 따라 선수를 교체하는 것과 같은 이치예요.

미생물이 인체에 들어와 자리를 잡는 인간 미생물체 형성 과정에는 전달과 여과라는 두 가지 원리가 작동합니다. 인간은 이미 태아 시절부터 시작해서 출산과 육아 과정을 거치며 어머니에게서 수많은 미생물을 전달받아요. 이렇게 인생 초기에 전달된 미생물들이 아기의 미생물 집단 형성을 주도합니다. 보통 세 살까지

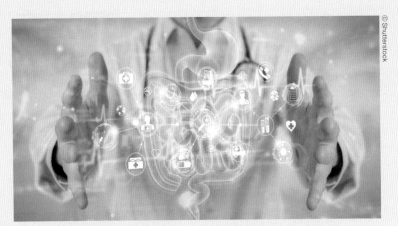

인체와 공존하는 미생물을 연구하는 휴먼 마이크로바이옴 프로젝트

구축된 인간 미생물체, 특히 장내 미생물은 이후 안정적으로 유지된다고 합니다. "세 살 버릇 여든까지 간다"는 속담이 여기에도 적용되는 셈이죠.

인간 미생물체는 수적으로나 기능적으로 인간의 세포와 유전자를 압도합니다. 한마디로 우리는 혼자가 아닙니다. 일찍이 1991년에 미국의 생물학자 린 마굴리스(Lynn Margulis)는 '전생명체(Holobiont)'라는 새로운 개념을 제안했습니다. 전체를 뜻하는 'Holo'와 생명체를 뜻하는 'Biont'가 합쳐진 이 용어는 생물학적 개체를 규정할 때 공생하는 미생물을 함께 생각해야 함을 의미해요. 반려 미생물 없이 우리는 일주일도 채 버티기 힘듭니다. 이들과 조화를 이루면서 함께 살아가야만 하죠. 여기에는 선택의 자유가 없습니다.

2장

미생물이
무슨 도움이
되나요?

미생물이 사람을 치료하는 의사가 된다고요?

　우리 미생물의 진솔한 이야기를 잘 듣고 제대로 이해해 주는 것 같아 매우 기쁩니다. 의사의 치료 활동에 없어서는 안 되는 항생제를 만드는 미생물 역시 의사에 버금간다고 생각합니다.

　항생제는 미생물이 만들어 내놓은 물질로 다른 미생물, 특히 세균을 자라지 못하게 하거나 죽이는 효과가 있습니다. 아마도 항생제 하면 많은 사람이 대표적으로 페니실린을 떠올릴 거예요. 페니실린을 만드는 푸른곰팡이, 페니실륨(*Penicillium*)은 셀럽 미생물 가운데 하나죠. 그런데 미생물 사이에서는 푸른곰팡이를 비난하는 목소리도 꽤 큽니다. 곰팡이 주제에 쓸데없이 나대고 다니다가

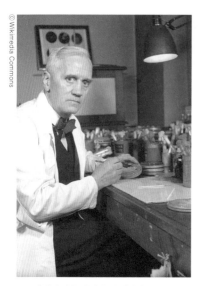

페니실린을 발견한 알렉산더 플레밍

하필이면 알렉산더 플레밍(Alexander Fleming)에게 발각되었으니까요. 수많은 동족을 사지로 몰아넣었다며 세균들의 원성이 높습니다. 플레밍은 세균을 죽이는 '마법 탄환' 탐색에 여념이 없던 의사였거든요.

페니실린은 최초의 항생제로 세균에 의한 감염을 치료할 수 있는 물질입니다. 더욱이 인체에 비교적 해롭지 않은 항생 물질이라는 점에서 굉장한 발견이었어요.

사실 플레밍이 페니실린을 발견하게 된 배경에는 가슴 아픈 인류 역사가 있습니다. 바로 제1차 세계대전입니다. 4년 남짓한 전쟁 동안 영국군 군의관으로 참전하여 부상 장병을 치료하던 플레밍은 너무나 괴로웠습니다. 최선을 다했지만 부상자의 상당수가 회복은커녕 속절없이 눈을 감았기 때문이었죠. 그들은 대부분 전투에서 입은 상처를 통해 들어간 세균 감염에 의한 패혈증으로 숨을 거두었습니다.

전쟁이 끝난 뒤 연구실로 돌아온 플레밍은 병원균을 파괴할 수 있는 물질을 찾는 데 몰두합니다. 그로부터 10년 뒤 행운의 곰팡이가 찾아왔습니다. 황색포도상구균을 키우던 배양 접시에 푸른 곰팡이가 오염되었는데, 그 주위에는 세균이 없었습니다. 플레밍은 이 곰팡이(페니실륨)가 세균을 죽이는 물질을 분비할 거라고 직감했죠.

페니실린이 세균에 감염된 사람을 치료할 수 있다는 것이 알려지자, 과학자들은 또 다른 항생 물질을 찾기 위해 노력했습니다. 그리고 스트렙토마이신, 테라마이신 등 400여 종이 넘는 항생제를 발견할 수 있었어요.

항생제라는 용어는 키예프(현 우크라이나 키이우) 출신의 미생물학자 셀먼 왁스먼(Selman Waksman)이 1941년에 처음 공식 사용했어요. 미국에서 페니실린을 양산하는 산업화 연구가 한창일 무렵입니다.

왁스먼은 토양에는 생존을 위해 경쟁 상대를 위협하는 어떤 공격성 물질을 만들어 내는 미생물이 있을 거라고 생각했습니다. 토양은 여러 미생물의 치열한 삶의 현장이기도 하니까요. 그리고 1943년 마침내 미국 뉴저지주 땅에서 그런 토양 세균을 분리하는 데 성공합니다. 스트렙토미세스 가문(분류 용어로는 '속')에 속하는 세균으로, 학명은 스트렙토미세스 그리세우스(*Streptomyces griseus*)입니다. 실을 뻗어 내는 세균이라는 뜻에서 방선균(放線菌)이라고도 부릅니다. 방선균은 마치 곰팡이처럼 자라면서 땅속 영양분을 빨아들입니다. 흙에서 흔한 세균 가운데 하나로, 이후에 왁스먼이 발견한 항생제 생산 균주는 모두 방선균이었어요.

방선균이 분비하는 새로운 항생제는 페니실린이 치료하지 못했던 감염병, 특히 결핵 치료에 탁월한 효과를 보였습니다. 왁스먼은 방선균이 속한 가문의 이름을 따서 이 항생제에 스트렙토마이신이라는 이름을 붙였습니다.

2019년 미국 뉴저지주 정부는 스트렙토미세스 그리세우스를 공식 미생물로 지정했어요. 스트렙토마이신을 제공하여 인류 건강에 크게 이바지한 세균을 기념하고, 이 미생물 의사가 뉴저지주 땅에서 분리되었다는 사실을 널리 알리기 위해서랍니다.

우리 미생물은 사람들의 이런 움직임을 크게 환영합니다. 미생물을 바라보는 인간의 시선이 반감에서 공감으로 바뀌고 있다는 긍정적인 신호로 보이니까요. 더욱 기대되는 것은 희망적인 변화의 흐름이 연이어 감지되고 있다는 사실입니다. 심지어 치명적 식중독균을 성형외과 의사로 개과천선(改過遷善)시킨 사례도 있죠.

1802년 독일 남부 지역 정부는 전통 음식인 자우마겐(Saumagen)을 만들어 먹는 데 주의하라는 안내문을 발표했습니다. 자우마겐을 먹고 식중독에 걸려 목숨까지 잃는 사람이 급증했기 때문입니다. 자우마겐은 돼지의 위장에 돼지고기와 감자, 당근 등을 다져 넣고 익힌 소시지의 일종입니다. 여러분이 즐겨 먹는 순대와 비슷하죠. 거의 100년이 지나서야 지우마겐에서 식중독을 일으킨 범인이 밝혀졌습니다. 이 세균은 클로스트리듐 보툴리눔(*Clostridium botulinum*)이라고 명명되었어요. 종명 '보툴리눔'은 소시지를 뜻하는 라틴어 '보툴루스(Botulus)'에서 유래했답니다.

보툴리눔 세균이 분비하는 독소는 신경에서 근육으로 전달되는 화학 신호를 차단해 근육을 마비시킵니다. 그래서 이 독소에 중독되면 서서히 마비 증상을 겪다가 심하면 결국 호흡 정지 또는 심장 정지로 사망에 이릅니다. 이런 위험한 독소를 악용하려고 했던 사람들도 있습니다. 대표적으로 일본의 731부대가 있습니다. 그들은 만주에서 중국인과 조선인을 대상으로 보툴리눔 독소 생체 실험을 자행했죠.

그렇게 식중독의 주범과 생물 무기 후보로 계속해서 어둠 속에 머물던 클로스트리듐 보툴리눔에게도 1960년대부터 광명의 빛이 비치기 시작했습니다. 사시 교정 치료를 위해 수술 대신 눈 근육에 약물을 주입하는 방법을 연구하던 미국 안과 의사의 눈에 보툴리눔 독소가 들어온 거예요. 그는 정제한 독소를 국소적으로 적당량 주사하면 원하는 근육 교정 효과가 있을 것으로 예상했습니다. 원숭이를 대상으로 한 실험 결과는 매우 성공적이었죠. 마침내 1978년 미국 식품의약국(FDA)의 승인을 받아 자원자에게 첫 시술이 이루어졌습니다.

1987년에는 캐나다의 의사 부부가 대화를 나누다 보툴리눔 독소의 새로운 용도를 우연히 발견했습니다. 눈꺼풀 떨림 환자의 미간에 보톡스를 주사했는데 신기하게 주름까지 없어졌다는 안과 의사 아내의 말을 들은 순간, 피부과 의사인 남편의 머릿속에 아이디어가 번뜩였습니다. 바로 이 독소를 주름 개선 시술에 활용하는 것이었죠.

보툴리눔 독소는 A형부터 G형까지 총 일곱 종류가 있는데, 의약품으로 주로 사용되고 있는 것은 정제된 A형입니다. 1991년 미국의 한 제약회사가 보툴리눔 독소 A형에 관한 모든 지식재산권

독이 되기도 하고 약이 되기도 하는 보툴리눔 독소

을 매입하여 '보톡스(Botox®)'라는 이름으로 판매하기 시작했습니다. 독을 약으로 완전히 변신시킨 거죠. 그러니 그 독을 만드는 클로스트리듐 보툴리눔 세균은 의사가 된 셈입니다.

인간이 첨단 바이오 기술로 만들어 낸 미생물 의사도 있습니다. 일명 '스마트 미생물'입니다. 1978년에 사람 인슐린 유전자를 대장균에 넣어 당뇨병 치료용 인슐린을 만드는 데 성공한 이래로 유전공학은 다양한 제품을 연이어 선보이며 바이오 시대를 열었죠. 그리고 21세기에 들어서면서 한층 더 추진력을 얻었습니다. 인간의 유전 정보까지 읽어 낼 수 있는 능력을 보유했으니 이제부터 유전 정보를 설계하고 조립하여 새로운 생명체를 만들어 내자는 목소리가 나온 거죠. 합성생물학(Synthetic Biology)의 등장입니다.

합성생물학자들은 생명체를 컴퓨터 같은 기계처럼 모듈로 나누어 접근해서 체계적으로 이해하려고 시도하고 있습니다. 모듈은 떼어내어 교환하기 쉽도록 설계된 컴퓨터의 각 부분을 말해요. 이렇게 얻은 지식을 바탕으로 원하는 생명체를 설계하고 만들어 내는 연구가 진행 중이죠. 그런 가운데 '크리스퍼(CRISPR)'라는 신형 유전자 가위가 개발되면서 바이오 기술은 날개를 달았습니다. 2020년에는 두 명의 여성 과학자 제니퍼 다우드나(Jennifer Doudna)와 에마뉘엘 샤르팡티에(Emmanuelle Charpentier)가 크리스퍼 유전자 가위 작동 원리를 규명한 공로를 인정받아 노벨화학상을 수상하기도 했죠. 크리스퍼 유전자 가위는 스마트 미생물을 포함해 생명체를 맞춤형으로 변형할 수 있다는 발상을 점차 실현해 주고 있습니다.

2020년에 대한민국 연구진도 사람의 장에서 염증 발생 여부와 정도를 진단할 수 있는 미생물 의사 후보를 개발했어요. 창자 속에는 산소가 없고, 이 같은 환경에서 세균은 자연스럽게 무산소 호흡을 합니다. 이것이 아이디어의 핵심입니다. 연구진은 장에서 염증이 생길 때 나오는 물질(질산염)을 대장균이 산소 대용으로 쓴다는 점에 착안하여 스마트 미생물을 개발했습니다.

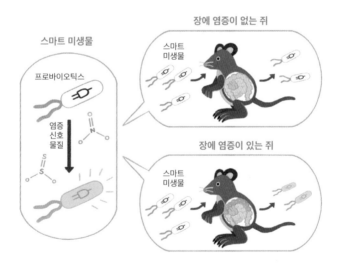

장을 들여다보지 않고 형광 신호로 염증을 알려 주는 스마트 미생물

먼저 대장균에서 그 물질을 감지하는 유전자 회로에 형광 단백질을 붙입니다. 그리고 감지되는 물질의 양에 따라 형광 신호를 내도록 만든 거죠. 이를 프로바이오틱 대장균에 장착해서 실험용 쥐에게 효능을 시험한 결과, 장염을 앓는 쥐의 대장 및 분변에서 질산염의 양과 비례하여 형광 신호가 증가하는 것을 확인했습니다. 스마트 미생물을 먹은 쥐의 똥에서 형광 세기만 분석하면 장속의 염증 정도를 진단할 수 있는 거죠. 이 스마트 미생물이 사람을 대상으로 한 장염 진단 기술 및 치료제 개발에 크게 이바지할 거라고 기대합니다. 우리 미생물 역시 그런 날이 하루빨리 오기를 바라며 응원의 박수를 보냅니다.

- 이름 : 보툴리누스균(학명 : *Clostridium botulinum*)
- 소속 : 세균
- 나이 및 발견 시기 : 1895년
- 발견자 : 벨기에 세균학자 에밀 반 에르멘겜(Émile van Ermengem)
- 인상착의 : 크기 2~4×4~0.7μm의 막대 모양. 한쪽 끝이 둥글고 편모를 가지고 있다.
- 주소 및 서식지 : 토양, 강이나 호수 바닥 퇴적물
- 특징 : 절대혐기성이며, 환경 조건이 나빠지면 포자를 생성한다. 포자 가 세포 안에서 만들어지기 때문에 내생포자라고 부른다.
- 사람과의 관계 : 단 1그램으로 성인 100만 명의 목숨을 앗아갈 수 있는 보툴리눔 독소를 생산한다. 그러나 이 독소를 희석하여 슬기롭게 사용하 면 주름을 펴는 미용 시술부터 뇌성마비와 뇌졸중 같은 질병으로 인한 근육 경직 치료까지 의학적 활용 범위가 매우 다양하다.

땅을 살리는 미생물 농부가 있다고요?

이 부분에 대해서는 자랑스럽게 말씀드릴 수 있습니다. 땅을 살리는 미생물 농부가 많습니다! 흙에 사는 미생물은 모두 대지의 생명을 풍요롭게 하는 데 나름대로 역할을 하고 있다고 해도 틀린 말이 아닙니다.

지구에 있는 거의 모든 삶을 부양하는 생명 활동은 1미터 남짓한 깊이의 흙 속에서 일어납니다. 대략 6400킬로미터에 달하는 지구 반지름에 비하면 640만 분의 1 정도에 불과한 굉장히 얇은 두께입니다. 하지만 이곳이 바로 살아 숨 쉬는 지구의 살갗이죠. 평균 2밀리미터인 사람의 피부 두께는 보통 키의 천 분의 일을 조금

넘어요. 단순히 수치만 놓고 보면 지구의 피부가 사람의 피부보다 훨씬 더 얇고 연약한 셈입니다. 여기에 생기를 불어넣는 존재가 바로 다양한 토양 미생물이죠.

식물을 잘 자라게 하는 토양 미생물

식물과 가장 긴밀하게 지내는 건 아마도 곰팡이(진균)일 거예요. 이들은 보통 식물 뿌리를 살짝 파고들어 연결되면서 거의 한 몸이 되다시피 합니다. 이것이 제2의 뿌리털 역할을 하기에 곰팡이 뿌리, 곧 균뿌리(균근)라고 부릅니다. 어엿한 뿌리가 된 곰팡이는 신이 나서 더욱 잘 자랍니다. 그 결과 식물 뿌리를 기점으로 팡이실(균사)이 사방으로 뻗어 나가죠. 팡이실이 뭐냐고요? 아마 곰팡이 하면 떠오르는 모습이 있을 거예요. 상한 음식 위를 솜털처럼 덮고 있는 것 말이에요. 그 하나하나를 팡이실이라고 합니다. 곰팡이 실이라는 뜻인데, 여러 세포가 일렬로 연결되어 있죠. 팡이실은 엄청나게 자랄 수 있습니다. 현재 세계 최고 기록은 미국의 오리건주에서 발견된 6킬로미터짜리 팡이실입니다.

땅속에서 거미줄처럼 퍼져 있는 팡이실은 주로 세균과 힘을 합쳐 여러 물질을 식물이 흡수하기 좋게 분해하기도 하고, 자기가 먹은 영양분 일부를 식물에 나누어 주기도 합니다. 농부가 농작물에 비료를 주듯이 말이에요. 식물도 공짜 밥을 먹지 않아요. 곰팡이에게 자신이 만든 고급 음식을 제공합니다. 생물학적으로 말하면, 균뿌리는 식물의 광합성에 필요한 미네랄 영양소 흡수를 돕고, 식물은 곰팡이에게 광합성 산물인 탄수화물을 나누어 줍니다. 서로 의지하며 살아가는 거죠.

광합성은 빛 에너지를 이용해 이산화탄소와 물로 포도당을 만드는 과정입니다. 광합성의 주원료인 이산화탄소, 물, 빛은 가뭄일 때를 제외하면 늘 풍족합니다. 그래서 보통 미네랄 영양소가 식물의 광합성 효율을 좌우해요. 배불리 잘 먹어도 영양 불균형이 생기는 경우와 비슷합니다.

곰팡이를 비롯한 땅속 미생물은 주로 동식물의 사체나 배설물 같은 유기물을 분해해서 식물에 필요한 영양소를 공급합니다. 인간은 고기와 두부 같은 음식에 들어 있는 단백질을 소화해서 아미노산을 얻고, 그걸로 신체에 필요한 단백질을 만들죠. 하지만 식물은 필요한 모든 아미노산을 스스로 만들 수 있답니다. 문제는 아미노산을 합성하려면 질소가 많이 필요하다는 거예요. 질소는 공기의 80퍼센트가량을 차지할 정도로 풍부하지만, 식물이 질소 기체를 직접 이용하지는 못하거든요. 대신 토양에서 질소화합물을 흡수하여 살아갑니다. 그래서 농부가 식물이 잘 자랄 수 있도록 비료를 주는 겁니다. 자연에서는 미생물이 각종 유기물을 분해해서 비료를 공급하죠. 그런데 이들과는 차원이 다르게 직접 질소 비료를 만드는 미생물 농부가 있습니다.

질소고정 세균은 공기 중에 있는 질소 기체(N_2)를 취해 암모니아(NH_3)를 만듭니다. 이들이 만든 암모니아는 여러 토양 세균이 좋아하는 음식이에요. 여러분이 밥을 먹고 배설하듯 흙에 사는 여러 세균은 암모니아를 먹고 질산염을 내놓습니다. 그러면 식물이 이를 흡수해서 질소원으로 이용하죠. 일부 식물은 아예 질소고정 세균을 안으로 맞아들여 함께 살기도 해요. 콩과작물 뿌리에 주렁 주렁 달린 뿌리혹은 이들 세균 손님이 머무는 사랑방이랍니다.

'질소고정'은 미생물 중에서도 극히 일부 세균만이 지닌 아주 특별하고 대단한 능력입니다. 질소 기체는 두 개의 질소 원자가 삼중 결합으로 붙어 있는 매우 안정된 구조라서 이걸 끊어 내는 게 보통 힘든 일이 아니거든요. 그런데도 질소고정 세균은 기어코 질소를 떼어 내 수소 원자를 붙여 암모니아를 만듭니다.

질소고정 세균은 지구 피부에 질소비료라는 자양분을 최초로 공급했습니다. 이들이 아니었다면 생기 넘치는 푸른 지구는 애당초 불가능했을 겁니다. 번개도 질소 기체의 결합을 끊어 비옥한 빗물을 땅에 뿌리지만, 질소고정 세균에 비하면 새 발의 피죠.

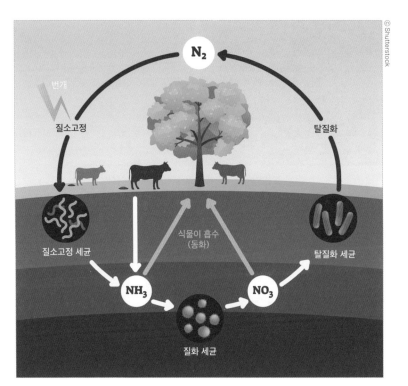

질소고정 세균과 질소 순환

시아노박테리아는 광합성에 더해 질소고정 능력을 겸비하고 있습니다. 아나베나 아졸레(*Anabaena azollae*) 같은 시아노박테리아는 기특하게도 이런 재능을 물개구리밥과 나누고 있어요. 종명 '아졸레'가 물개구리밥의 속명 '아졸라(Azolla)'에서 유래한 것만 보아도 둘 사이가 어떤지 짐작할 수 있습니다.

물개구리밥은 민물에서 흔하게 볼 수 있는 여러해살이 물풀입

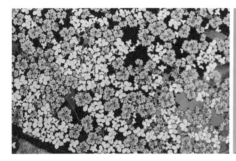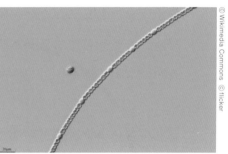

물개구리밥(좌)과 아나베나 아졸레의 현미경 사진(우)

니다. 언뜻 눈 결정을 연상시키는 잎사귀가 연못 위에 많이 떠 있는 걸 보았다면 물개구리밥일 확률이 높습니다. 약 1밀리미터 길이의 잎 뒷면에는 아졸레를 위한 작은 방이 있는데, 방마다 수천 마리가 들어와 살아요. 이들은 열심히 질소고정을 해서 물개구리밥에 질소 영양분을 공급하는 것으로 숙박비를 대신하죠.

이 같은 행복한 동행은 인류에게도 큰 행운입니다. 물개구리밥은 인간이 벼농사를 시작할 때부터 '초록 거름' 역할을 톡톡히 해왔답니다. 물개구리밥이 논을 뒤덮으면 아졸레가 만든 질소비료가 논에 있는 물속으로 자연스레 녹아들어 벼를 잘 자라게 해 주거든요. 덕분에 인공 질소비료가 없던 시절에도 어느 정도 안정적인 쌀 생산을 담보할 수 있었습니다.

18세기 말, 영국의 경제학자 토머스 맬서스(Thomas Malthus)는 『인구론』에서 인구 증가로 인한 식량 부족을 경고했습니다. 인구는 기하급수적으로 증가하는데 식량은 산술급수적으로 증가하기 때문에 결국 인구의 과잉 증가로 인한 빈곤은 불가피할 거라고 예견했죠. 그러나 과학기술의 눈부신 발전, 특히 20세기 초반에 발명된 질소비료 합성법 덕분에 그의 이야기는 기우로 끝나는 듯했습니다. 그런데 21세기에 들어 '애그플레이션(Agflation)'이라는 신조어가 등장하면서 식량 생산량에 무언가 문제가 있다는 의구심이 들기 시작했어요. 농업(Agriculture)과 인플레이션(Inflation)의 합성어인 애그플레이션은 농산물 가격 급등에 따른 물가 상승을 의미합니다. 게다가 2050년에는 세계 인구가 90억 명을 넘어설 것이라는 유엔의 예측이 발표되면서 우려가 현실이 될지 모른다는 이야기가 다시 고개를 들고 있습니다.

예상되는 인구 증가를 감당하려면 농업 생산성을 70퍼센트 이상 올려야 한다고 해요. 하지만 농경지가 늘어날 가능성은 희박하죠. 이 때문에 현재로서는 인공 비료와 살충제(농약)를 더 많이 효과적으로 사용하는 것 이외에 뾰족한 대안을 찾기 어려운 실정입니다. 문제는 이런 농법은 에너지 투입이 많고 환경 문제 유발이 불가피해서 결코 지속할 수 없다는 점입니다. 따라서 생산성과 지속 가능성이라는 두 마리 토끼를 잡을 방법이 절실합니다. 이제 여러분은 미생물 농부들과 더욱 힘을 합쳐야 해요.

식물도 인간과 마찬가지로 온통 미생물로 덮여 있습니다. '식물

마이크로바이옴'이라고 부르는 이들이 온전한 해결책을 제공할 수 있는 적임자라고 생각합니다. 이들 가운데 상당수가 식물 성장에 많은 도움을 주기 때문이죠. 과학자들은 이미 이런 미생물을 여럿 분리하여 각자 특성에 맞게 생물비료, 식물 생리활성제, 생물 농약 등으로 데뷔시켰습니다. 여기에 그치지 않고 '식물 마이크로바이옴 엔지니어링'을 시도하고 있죠. 이는 식물과 공생하는 미생물을 통합적으로 분석한 결과를 바탕으로 식물 마이크로바이옴 기능을 조절하려는 노력입니다. 즉, 미생물 농부 모두가 함께 일할 수 있도록 하겠다는 겁니다.

식물 마이크로바이옴 엔지니어링은 상향식 또는 하향식으로 수행할 수 있습니다. 상향식 접근법은 표적 미생물 분리로 시작합니다. 이 미생물을 실험실에서 합성생물학을 비롯한 첨단 바이오 기술로 재설계하여 맞춤형으로 탈바꿈시켜요. 그런 다음 식물에 투입하여 농부로서 활동하게 합니다.

반면에 하향식 접근법은 원하는 유전자를 장착한 미생물을 실험실이 아닌 현장에 파견하여 마이크로바이옴 자체에서 바람직한 변화를 유도합니다. 일종의 출장 서비스인 셈인데, 수평 유전자 전달 원리를 활용한 방식입니다.

암수가 있는 대부분 생물은 짝짓기를 통해서 자손을 얻습니다. 즉, 유전자를 전달하면서 세대를 이어 종족을 보존하죠. 부모에게

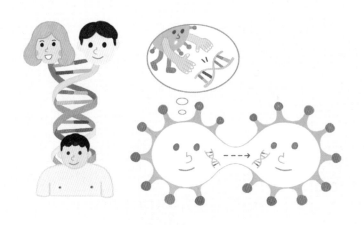

수직 유전자 전달(좌)과 수평 유전자 전달(우)

서 자식으로, 위에서 아래로 이어지는 것을 수직 유전자 전달이라
고 합니다. 단세포 생물이면서 무성생식을 하는 세균에게는 세포
분열 자체가 번식이자 수직 유전자 전달이라고 할 수 있어요. 그
런데 무성생식은 수를 늘리는 데에는 엄청나게 편하고 빠르지만
개성이 없는 똑같은 개체만 많아진다는 문제가 있습니다. 유전적
다양성이 거의 그대로 머물게 되니까요. 이렇게 되면 환경 변화
적응에 매우 취약해집니다. 시쳇말로 한 방에 훅 갈 수 있죠. 하지
만 세균은 다 계획이 있답니다. 다른 세균들과 유전자를 주고받아
새로움을 추구하죠. 이른바 수평 유전자 전달은 인간이 할 수 없
는 세균의 특기인데, 세균이 나름 변신할 수 있는 비법입니다.

바이러스는 모든 생명체를 감염합니다. 세균도 예외일 수는 없죠. 바이러스는 특정 숙주 세포에 침입하여 그 체계를 강탈하여 증식합니다. 이때 유전 물질과 이를 담을 단백질 껍데기를 따로 양산한 다음 조립하는 형태로 증식이 이루어집니다. 그런데 바이러스가 숙주의 DNA 조각을 자기 것으로 착각하고 담아 조립하는 경우가 가끔 생깁니다. 놀랍게도 이런 불량 바이러스 역시 껍데기 속 DNA 파편을 다음 세균에게 주입할 수 있어요. 이 운수 좋은 세균은 바이러스 감염 대신에 다른 세균의 DNA 일부를 얻게 되죠. 자연환경에서 흔히 일어나는 수평 유전자 전달 가운데 하나입니다. 감이 오나요? 실험실에서 여러분이 원하는 유전자를 집어넣은 세균 바이러스를 제작해서 식물 마이크로바이옴에 파견하면, 이들이 알아서 숙주를 찾아 넣어 줄 겁니다.

식물 마이크로바이옴 엔지니어링에 사용할 수 있는 또 다른 수평 유전자 전달 방식은 '접합'입니다. 세균 중에는 붙임성이 아주 좋은 친구들이 있는데, 이들은 주변에서 소통할 만한 세균을 발견하면 끌어당겨 안아 버립니다. 그런 다음 마치 우주선이 서로 도킹하듯 통로를 만들어요. 밀착한 상태에서 자기 것은 물론이고 상대 세균의 세포벽과 세포막에 구멍을 낸다는 말입니다. 매우 복잡한 과정이지만, 전문 효소를 사용하여 신속 정확하게 공사를 마치고 일련의 유전자를 전달합니다. 이 같은 식물 마이크로바이옴 엔지니어링은 한국생명공학연구원의 국가생명공학정책연구센터에서 소개한 '2021 10대 바이오 미래유망기술'에 당당히 이름을 올렸어요.

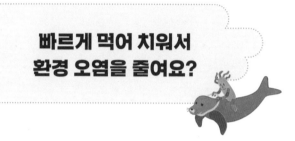

빠르게 먹어 치워서
환경 오염을 줄여요?

　"흐르는 물은 썩지 않는다"는 속담이 있죠. 개인이든 조직이든 자기의 현재에 만족하고 머무르면 시대에 뒤처지기 쉬우니 부지런히 자기 계발에 힘써야 한다는 말이에요. 그런데 어찌 보면 이 속담의 주인공은 바로 미생물입니다. 썩지 않는다는 것은 물에 있는 유기물을 미생물이 깨끗이 먹어 치워 완전히 분해한 결과니까요.

　오염된 자연환경이 저절로 깨끗해지는 자정 능력의 실체가 바로 미생물입니다. 흐르는 물은 미생물 청소부가 숨 쉴 산소를 원활하게 공급해 줍니다. 청소량이 많을수록 미생물에게는 더 많은 산소가 필요해요. 이렇게 미생물이 오염물 분해 과정에서 필요로 하는 산소량을 생물학적 산소 요구량 (BOD, Biological Oxygen Demand)이 라고 합니다. BOD는 오염물 양에 비례하여 커집니다.

물속에 녹아 있는 산소량은 용존산소량이라고 합니다. 자연수의 용존산소량은 1리터당 10밀리그램 정도예요. 그런데 보통 하수의 BOD는 용존산소량의 20배에 달합니다. 이런 물이 그대로 강이나 호수로 흘러들어 가면 어떻게 될

자연의 자정 능력을 주관하는 미생물 청소부

까요? 아마도 거기에 사는 미생물들은 신이 나겠죠. 한껏 특식을 즐길 수 있을 테니까요. 그러나 수생 생태계 전체로 보면 심히 우려스럽습니다. 비정상적으로 늘어난 용존유기물을 미생물이 분해하면서 용존산소량이 급감하면, 종종 물고기의 떼죽음으로 이어져 연쇄적으로 심각한 환경 피해를 일으키기 때문입니다.

옛날에는 인간이 배출하는 쓰레기와 폐수 정도는 크게 신경 쓰지 않아도 자연에서 시나브로 사라졌습니다. 하지만 도시가 커지고 거주 인구가 급증하면서 자연의 자정 능력은 한계를 넘어서 한때 붕괴 위기를 맞기까지 했습니다. 다행히 폐기물 처리 기술이

잇따라 개발되어 활용됨으로써 자연에 부담을 덜어 주었죠.

화장실에서 볼일을 본 뒤 내린 물은 정화조에 머물렀다 하수도로 흘러갑니다. 이렇게 모인 각종 도시 하수는 곳곳에 마련된 처리 시설을 거쳐 자연으로 되돌아가죠. 과거에는 혐오 시설로 인식되었던 하수 처리장(폐수 처리장)이 최근에는 '물재생센터'로 불리며 환경 교육과 체험 학습 공간으로 탈바꿈하고 있답니다. 이는 사람들의 환경 의식이 성숙하고 있다는 하나의 징표라고 생각합니다.

보통 하수 처리는 흡사 수영장 같은 큰 수조에 물을 가두어 뜨는 부유물과 가라앉는 찌꺼기를 제거하는 것으로 시작합니다. 이때 바닥에 침전된 물질을 슬러지(Sludge)라고 해요. 1차 처리는 기본적으로 물리적인 방법이지만, 오수가 머무르는 동안 미생물이 유기물과 슬러지 일부를 분해합니다. 일반적으로 1차 처리를 거치면 하수의 BOD가 30퍼센트가량 줄어듭니다. 나머지는 2차 처리 과정에서 대부분 제거되죠.

미생물의 분해 능력에 의존하는 2차 처리 과정은 기본적으로 미생물 배양과 다름없습니다. 미생물이 더러운 물속 오염물을 먹어 치우며 무럭무럭 자라기 때문이에요. 실제로 2차 처리조에서는 공기를 집어넣어 미생물의 성장과 분해 능력을 촉진합니다. 증식한 미생물은 뭉쳐서 밑으로 가라앉는데, 이를 활성슬러지라고

| 1차 처리 - 물리적 과정 | 2차 처리 - 미생물에 의한 생물학적 과정 | 소독 및 방출 - 화학적 과정 |

❶ 가정 하수의 고형물이 일부 걸러지고 갈려서 배출

❷ 고형 물질 침전

❸ 1차 배출수 공기 노출 : 미생물이 유기물 분해

❹ 염소 소독 후 방출

하수

1차 침전조

1차 슬러지

1차 배출수

1차 배출수

살수여상법

염소살균기

배출수

또는

2차 배출수

침전조

활성슬러지 시스템

침전조에서 온 2차 슬러지

❺ 잔존 슬러지는 무산소 상태에서 소화되어 메탄 생성

무산소 슬러지 소화조

슬러지 배출수

❻ 슬러지 배출물 건조

건조조

❼ 매립하거나 토양 개선제로 사용

생활 하수가 처리되는 과정

합니다. 이때 '활성'이라는 단어를 붙인 이유는 분해 미생물이 슬러지의 대부분을 차지하기 때문입니다. 2차 처리가 끝난 물은 일반적으로 염소 소독을 해서 방류하지만, 잔존 유기물과 질소, 인 등을 비롯한 무기염류를 더 제거하기 위해 최종적으로 3차 처리를 하기도 합니다. 보통 3차 처리는 화합물을 이용한 침전과 필터를 이용한 여과로 이루어집니다.

1, 2차 처리 과정에서 나온 슬러지는 무산소(혐기성) 슬러지 소화조로 보내져 산소가 없는 상태에서 처리됩니다. 2차 처리가 산

소 호흡 미생물의 작품이라면, 슬러지 분해(소화)는 무산소 호흡 미생물이 담당합니다. 한마디로 산소 없이 숨 쉬는 미생물들이 슬러지를 먹어 치운다는 말이죠. 특히 산소를 만나면 즉사하고 마는 메탄생성균의 역할이 중요합니다. 메탄생성균 덕분에 슬러지에 있는 유기물 대부분이 최종적으로 메탄으로 전환되기 때문입니다. 이렇게 생산되는 메탄은 보통 처리 시설의 난방 또는 동력 연료로 사용해요. 심지어 슬러지 소화 과정이 끝나고 남은 찌꺼기마저도 수분을 제거해서 토양 개량제로 쓸 수 있습니다. 이 정도면 미생물이 주도하는 물 재생은 재활용을 넘어서는 '새활용 (Upcycling)' 수준 아닌가요? 미생물은 이런 솜씨를 살려 음식물 쓰레기 처리에도 한몫 톡톡히 하고 있습니다.

미국의 제31대 대통령이었던 허버트 후버(Herbert Hoover)는 "전쟁은 총으로 시작하지만, 그 승패는 빵으로 결정 난다"고 했습니다. 식량의 중요성을 강조하는 이 말은 현대인이 곰곰이 되새겨 볼 가치가 있습니다. 조금 전까지 식탁에서 맛있는 음식으로 대우하다가 한순간에 쓰레기로 버려 버리는 인간의 변심을 지켜보면서 꼭 하고 싶었던 말이 있습니다. 먹고 남은 음식물은 여러분이 비록 쓰레기라고 부르더라도 여전히 탄수화물, 단백질, 지방 등이 풍부한 영양 덩어리입니다. 미생물이 보기에는 아주 유용한 자원이죠. 그나마 다행스러운 것은 음식물 쓰레기의 재활용 비율이 점차 증가한다는 사실입니다. 한국에서는 2000년대에 들어서면서 재활용 비율이 증가하여 90퍼센트에 육박한다고 합니다.

하지만 이런 통계 수치에는 큰 허점이 숨어 있습니다. 여기서 말하는 재활용량이란 자원화 시설에 반입된 음식물 쓰레기 양이 거든요. 국물이 많은 한국 음식 특성상 음식물 쓰레기의 수분 함량이 높아 자원화 이전에 상당량이 폐수로 배출되어 처리됩니다. 그 결과, 아쉽게도 실제로 사료나 퇴비 따위로 재활용되는 양은 전체의 절반에도 못 미친다고 해요. 게다가 이렇게 만들어진 사료와 퇴비도 종종 문제를 일으킵니다. 유통 과정에서 부패한 사료는 가축에게 질병을 일으킬 수 있고, 퇴비의 경우 짠 음식 탓에 염분 함량이 높아서 식물에 해를 끼칠 수 있거든요. 새로운 돌파구가 절실한 상황입니다.

이번에도 역시 미생물이 도울 수 있습니다. 그 도우미는 메탄생성균과 그 친구들입니다. 메탄(CH_4)은 탄소 하나에 수소 4개가 붙은 가장 간단한 탄화수소입니다. 메탄을 만드는 것은 메탄생성균의 전매특허지만, 다른 미생물들이 메탄을 만들 수 있는 원료를 제공해 주어야만 이 능력을 발휘할 수 있어요.

여러 미생물은 산소가 없는 환경에서 음식물 쓰레기를 먹고 자라며 다양한 유기산과 이산화탄소를 내놓습니다. 그러면 또 다른 미생물 무리가 유기산을 발효하여 아세트산과 수소가스, 이산화탄소 등을 만들어요. 이것들이 메탄 제조용 원재료가 됩니다. 메탄은 대부분 수소와 이산화탄소의 결합($CO_2 + 4H_2 \rightarrow CH_4 + 2H_2O$)을 통해 만들어집니다. 호흡에서 산소가 하는 기능을 이산화탄소가 대신하는 무산소 호흡 사례라고 할 수 있습니다.

어떤 고세균은 아세트산을 분해하여 메탄을 만들기도 합니다 ($CH_3COOH \rightarrow CH_4 + CO_2$). 메탄은 천연가스의 주성분입니다. 그러니까 메탄생성균이 솜씨를 한껏 자랑할 수 있게 판을 깔아 주면 음식물 쓰레기로 천연가스를 만들 수 있는 거죠. 악취와 침출수 걱정 없는 깔끔한 쓰레기 처리와 함께 친환경 에너지 생산이 가능해지니 이런 일거양득도 없을 겁니다.

여러 미생물이 만들어 주는 수소와 이산화탄소로 메탄가스를 만드는 메탄생성균

다소 충격적인 이야기를 해 볼까요? 2019년 4월 미국 워싱턴주에서는 시신을 퇴비로 사용할 수 있도록 하는 '인간 퇴비화' 허용에 관련된 법을 제정했습니다. 그리고 이듬해인 2020년 5월부터 시행에 들어갔죠. 2020년 말에는 생전 헬스케어(Healthcare)에 대비한 사후 데스케어(Deathcare) 제공을 표방하며 리컴포즈(Recompose)라는 사회적 기업이 워싱턴주에 문을 열었어요. '재구성하다'라는 뜻을 가진 이름처럼 리컴포즈의 서비스를 받으면 시신이 거름으로 바뀌어 흙(자연)으로 돌아갑니다.

사실 퇴비화 자체는 거름을 만드는 아주 오래된 방법입니다. 낙엽이나 나뭇가지, 볏짚 따위를 쌓아 두면 자연스레 미생물이 자라면서 분해가 일어납니다. 때로는 가축 분뇨를 조금 섞어서 다양한 미생물을 추가로 공급하여 분해를 촉진하기도 합니다. 유기물이 쌓인 상태에서 진행되는 특성상 퇴비화 과정에서는 저절로 많은 열이 발생합니다. 몸을 많이 움직이면 열이 나는 것과 마찬가지예요. 미생물이 열심히 분해 활동을 하면 열이 발생하죠. 그런데 수많은 미생물이 한데 모여 있으니 열기가 모여 뜨거워집니다. 퇴비화가 진행 중인 유기물 단 1그램에 약 1조 마리의 미생물이 들어 있을 정도니까요. 보통 사나흘쯤 지나면 더미 속 온도는 대략 섭씨 60도까지 올라갑니다. 이렇게 분해가 진행되는 동안 병원성 미생물은 거의 다 죽습니다.

퇴비화 과정에서 사멸되는 병원성 미생물

인간 퇴비화 과정도 기본적으로 같습니다. 나뭇조각이나 짚 같은 천연 물질로 가득 찬 밀폐 용기에 시신을 안치합니다. 이 상태로 공기와 열을 수시로 주입하면서 30일가량 유지해요. 그러면 그 안에서는 미생물에 의한 시신의 '재구성'이 일어나는 거죠. 현재 가장 보편적인 장례 문화인 매장과 화장보다 훨씬 더 친환경적인 것은 분명합니다. 하지만 인간 존엄성 훼손과 윤리적 문제로 인해 반대 의견도 만만치 않습니다.

감염병 시대가 도래하면서 조류 인플루엔자와 구제역, 아프리카돼지열병 등 여러 동물 감염병이 수시로 발생하고 있습니다. 그 때마다 병든 가축은 물론이고 방역 차원에서 위험 지역에 있는 모든 가축이 살처분되어 매몰되는 참혹한 광경을 지켜봐야만 합니다. 안타깝게도 문제는 여기서 끝나지 않습니다. 땅속에 묻힌 애꿎은 동물의 사체가 썩으면서 악취와 함께 토양 및 지하수 오염이 발생해 후속 조치에 큰 어려움을 겪고 있죠. 그런데 만약 동물 사체가 퇴비화 대상이라면 상황은 조금 달라질 겁니다. 실제로 2019년 한국 연구진이 초고온 미생물을 활용한 동물 사체 처리 기술을 개발하는 데 성공했죠. 앞으로가 기대되지 않나요?

미생물의 개인정보를 공개합니다!

- 이름 : 메탄생성균
- 소속 : 고세균
- 인상착의 : 구형, 막대 모양, 나선형
- 주소 및 서식지 : 동물의 창자, 습지, 하수 처리 시설, 해양 심층 퇴적물 등 산소가 없는 곳
- 특징 : 절대혐기성
- 사람과의 관계 : 방귀 성분인 메탄을 생성하고 다른 장내 미생물의 배설물을 처리하는 청소부 역할을 한다.
- 발견에 얽힌 이야기 : 1776년 이탈리아의 물리학자 알레산드로 볼타 (Alesandro Volta)는 습지에서 밑바닥의 유기물이 썩으면서 가연성 가스가 나오는 것을 발견했다. 그리고 1933년 처음으로 메탄생성균 배양에 성공했다.

미생물도 먹지 못하는 게 있나요?

일찍이 윌리엄 잉(William Inge)이라는 영국 신학자가 이런 말을 남겼어요.

"자연은 동사 '먹다'의 능동형과 수동형으로 이루어진다."

자연에서 일어나는 생물들의 상호 작용을 한마디로 말하면 '먹고 먹히는 관계'입니다. 이를 생태학에서는 먹이그물이라고 해요. 모든 생물은 크게 생산자, 소비자, 분해자 세 부류로 나눌 수 있고, 이들은 먹이그물이라는 에너지와 영양 물질의 이동 얼개를 통해 서로 연관되어 있죠.

생산자는 주로 식물을 비롯한 광합성 생물입니다. 1차 소비자는 식물 및 다른 1차 생산물을 먹고 사는 초식동물이고, 2차 소비자는 초식동물을 먹고 사는 육식동물이에요. 3차 소비자는 다른 육식동물을 먹고 사는 육식동물입니다. 마지막으로 분해자는 모두 미생물입니다. 미생물은 모든 유기물을 분해하여 자연으로 돌려보냄으로써 물질이 재사용될 수 있도록 합니다.

이처럼 물질이 생물과 자연환경 사이를 순환하는 현상을 생물지화학적 순환이라고 해요. 이런 물질 순환 고리가 제대로 작동한다는 건 분해자가 모든 물질을 분해하여 먹어 치울 수 있음을 뜻하는 것이 아닐까요? 실제로 1950년대에 영국의 한 미생물학자가 조건만 맞으면 미생물은 모든 천연 물질을 분해할 수 있다는 '미생물 무류설'을 주장했습니다. 그런데 미생물 무류 개념은 완전히 입증된 사실이라기보다 오랜 경험과 관찰에 바탕을 둔 논리적 추론에 가깝습니다.

시커멓고 끈적한 원유를 예로 들어 볼까요? 미생물은 다양한 탄화수소를 주성분으로 하는 원유를 기꺼이 분해할 수 있습니다. 단, 걸맞은 환경이 제공되어야 하죠. 원유가 땅속 깊숙이 묻힌 상태에서는 산소가 없어 미생물도 손을 쓸 수 없습니다. 지상으로 올라오면 비로소 분해할 수 있으나 여전히 문제가 있어요. 원유에는 유기 탄소(음식으로 치면 탄수화물)는 풍부하지만 질소와 인 같은 필수 영양소가 별로 없거든요. 그래서 그 자체로는 분해가 아

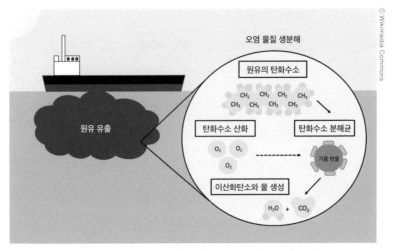

오염 물질 생분해

원유의 탄화수소

CH_2 CH_2 CH_2 CH_3
CH_3 CH_2 CH_2 CH_2

탄화수소 산화

O_2 O_2
O_2

탄화수소 분해균

기름 방울

이산화탄소와 물 생성

H_2O + CO_2

원유 유출

원유 유출 사고 처리에 적용할 수 있는 미생물을 이용한 생물 정화

주 느리게 일어납니다. 이 상태에서는 난분해성 물질인 셈이죠.

그럼에도 미생물의 탁월한 분해 능력을 이용해 오염 물질을 분해하려는 '생물 정화'는 핵심 환경 복원 기술로 자리매김하여 발전하고 있습니다. 유조선 기름 유출 사고 처리나 독성 유기물로 오염된 토양 복원 등에 효과적으로 적용되고 있죠. 원유가 난분해성이라면서 무슨 소리냐고요? 산소가 있음에도 난분해성인 이유는 상대적으로 부족한 질소와 인 성분 때문이잖아요. 바로 이 점에 착안하여 과학자들은 결핍된 성분을 보충해 주는 첨가제를 개발했어요. 비타민을 복용하듯 이 첨가제를 유류 오염 지역에 뿌리면 원유 분해가 빨라집니다. 이런 방법을 '생물 촉진'이라고 합니다.

또 다른 생물 정화 방법으로는 '생물 증대'를 들 수 있어요. 표적 오염물 분해 능력이 뛰어난 미생물을 현장에 투입하는 거죠. 이때 첨단 바이오 기술로 분해 능력을 향상한 미생물을 사용하기도 합니다. 이렇게 투입된 미생물은 임무가 끝나고 나면 자연히 사라집니다. 상대적으로 낯선 환경에서 먹을 게 부족해지니까요.

이처럼 미생물은 든든한 환경 도우미 역할을 합니다. 그런데 지난 수십 년간 미생물도 감당하기 어려운 물질이 엄청나게 늘어났어요. 뿐만 아니라 갈수록 많아지고 있어서 큰 걱정입니다. 무슨 말이냐고요? 제 이야기를 잘 들어 보세요. 바다에서 1년 내내 또는 계절에 따라서 바람이 거의 없는 지역을 무풍대라고 합니다. 그런데 1997년 태평양 한가운데에 있는 무풍대에서 지도에도 없는 거대한 섬이 발견되었어요. 미지의 땅에 대한 흥분은 이내 그 실체에 대한 경악으로 바뀌었죠. 대략 한반도 면적의 여섯 배에 달하는 섬은 바다로 유출된 플라스틱이 해류를 타고 몰려와 만들어진 쓰레기 더미였거든요.

현대인 대부분은 플라스틱 중독 상태라고 해도 과언이 아닐 겁니다. 비닐봉지와 각종 일회용 용기, 빨대 등 매일 무심코 사용하고 버리는 플라스틱 제품을 곰곰 따져 보세요. 중독이 아니라고 당당하게 말할 수 있는 사람이 얼마나 될까요? 게다가 한국은 1인당 플라스틱 소비량 부문에서 최상위권을 차지하고 있죠.

전 세계적으로 줄잡아 매년 거의 2000만 톤의 플라스틱이 바다로 유출된다고 추정됩니다. 이제 망망대해 그 어디에도 플라스틱이 미치지 않는 곳은 없어요. 심지어 남극 바다에서도 플라스틱 파편, 특히 '미세플라스틱'이 발견되고 있습니다. 미세플라스틱은 지름이 5밀리미터 미만인 플라스틱 입자를 일컫죠. 바다로 흘러든 플라스틱은 강렬한 햇빛 아래 파도에 휩쓸리면서 서서히 부서집니다. 하지만 유기물처럼 완전히 분해되어 사라지는 게 아니라 계속해서 작아질 뿐이에요. 자정 능력을 담당하는 해양 미생물이 본분을 다할 수 없기 때문입니다. 왜일까요?

플라스틱처럼 자연에 존재하지 않는 인공 합성 물질의 경우, 미생물은 그것들을 어떻게 다루어야 할지 혼란스럽습니다. 접해 본 적이 없거든요. 대부분은 플라스틱을 분해할 수 있는 대사 경로 또는 효소가 없거나, 있더라도 활성이 낮아요. 그래서 분해하더라도 그 속도가 너무 느립니다. 낮은 수온을 포함한 제반 환경 조건에서 아무리 먹성 좋은 미생물이라도 생소한 플라스틱을 왕성히 먹어 치우기는 힘들죠. 그들도 난감합니다.

바다는 지구에 사는 모두의 삶의 보고이자 근원입니다. 다양한 수산 자원과 쉼터를 제공함은 말할 나위도 없고, 지구의 기후 균형을 잡아 주는 중추예요. 플라스틱 오염처럼 인간의 활동으로 야기된 해양 생태계 변화는 전 지구적으로 심각한 영향을 미칠 수밖에 없죠. 비교적 큰 미세플라스틱은 물고기와 새를 비롯한 큰 해양동물에게 위협이 되고, 작은 미세플라스틱은 먹이사슬 아래쪽에 있는 조개와 동물성 플랑크톤 등에게 영향을 미칩니다. 그리고 이들이 섭취한 미세플라스틱은 결국 단계적으로 먹이사슬 위쪽으로 전이되어 축적되죠. 이

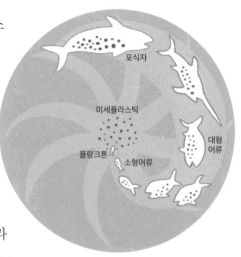

미세플라스틱 생물 농축 과정

상태가 지속된다면 해양 생물과 생태계는 물론이고 결국 인류 건강에도 재앙을 초래할 것이 불을 보듯 뻔합니다.

　최악의 시나리오가 현실이 되지 않게 하려면 모든 사람의 실천적 노력이 절실합니다. 이제는 플라스틱 쓰레기를 지구를 위협하는 대상으로 보는 대중의 인식이 점차 높아지고 있습니다. 산업 현장에서 가정에 이르기까지 폐플라스틱 배출은 최대한 줄이고(Reduce), 재사용(Reuse)과 재활용(Recycle)은 최대한 늘리려는 이른바 '3R 전략'이 전 세계적으로 추진되고 있죠. 하지만 안타깝게도 이 역시 이미 바다를 점령한 미세플라스틱에 대해서는 별로 소용이 없습니다. 더욱이 철기 시대를 이은 플라스틱 시대라고도 불리

는 지금, 플라스틱과의 결별도 실현 불가능한 일 아닐까요?

다행히 바다에는 플라스틱을 분해할 수 있는 미생물이 있습니다. 이들은 플라스틱 표면에 들러붙어 능력을 발휘하죠. 이런 미생물이 좀 더 쉽게 분해할 수 있는 플라스틱을 만들어 사용한다면 미세플라스틱이 생기는 것을 막을 수 있을 거라고 생각해요. 여기서 네 번째 R이 등장합니다. 당면한 미세플라스틱 문제 해결에 플라스틱보다 더 중요한 재설계(Redesign) 대상이 미생물이기 때문입니다. 현재 미생물 재설계는 첨단 바이오 기술을 동원해서 두 가지 방향으로 추진되고 있습니다. 생분해가 잘되는, 즉 잘 썩는 플라스틱 원료를 생산하는 기술과 플라스틱 분해 능력이 뛰어난 미생물을 개발하려는 연구가 활발히 진행되고 있어요. 쉽게 말해서, 미생물이 잘 먹는 플라스틱과 플라스틱을 잘 먹는 미생물을 만들려고 하고 있죠.

"자연! 우리는 자연에 둘러싸여 자연과 하나가 되었다. 자연에서 떨어져 나올 힘도, 자연을 넘어서 나아갈 힘도 없이."

세계 최고의 권위를 자랑하는 과학 학술지 『네이처』는 1869년 창간호 머리글을 요한 볼프강 폰 괴테(Johann Wolfgang von Goethe)의 말로 열었습니다. 이는 21세기를 살아가는 우리에게 인간 중심적 환경관에서 벗어나 생태주의적 가치관으로 의식을 전환하지 않고서는 근본적으로 환경 문제를 해결할 수 없다는 메시지를 남긴 것 같아요. 이러한 생각의 전환(Rethinking), 즉 다섯 번째 'R'이 4R이라는 네 바퀴로 가는 자동차를 모는 운전자가 되어야 합니다. 그래야만 비로소 당면한 환경 문제를 제대로 해결해 나갈 수 있을 거예요.

미생물의 개인정보를 공개합니다!

- 이름 : 플라스틱 분해균(학명 : *Ideonella sakaiensis*)
- 소속 : 세균
- 나이 및 발견 시기 : 2016년 일본 연구진이 플라스틱 재활용 시설의 흙에 박혀 있던 페트병에서 분리했다.
- 인상착의 : 0.6~0.8×1.2~1.5μm 크기의 막대균(간균). 편모를 이용하여 움직인다.
- 주소 및 서식지 : 토양, 콩과작물을 비롯한 일부 식물 뿌리 속
- 특징 : 페트병 원료인 PET(Polyethylene Terephthalate)에 달라붙어 분해효소를 분비한다.
- 사람과의 관계 : PET를 잘 먹어 치우므로 플라스틱 공해 문제 해결에 도움을 줄 것으로 기대한다.

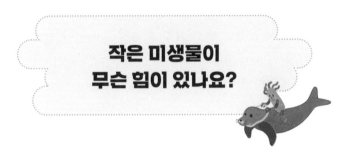

작은 미생물이
무슨 힘이 있나요?

이제껏 우리의 능력을 보여 드렸는데, 작은 게 무슨 힘이 있냐고 하니 서운합니다. 미생물은 덩치는 작아도 에너지는 넘친답니다. 혹시 그거 아세요? 현대 사회를 구동하는 화석 연료의 대표 주자인 석유가 태곳적에 살았던 미생물 에너지라는 사실 말입니다.

화석 연료는 크게 석유, 석탄, 천연가스의 세 종류로 나눌 수 있습니다. 1610년대에 화석이라는 용어가 처음 등장했을 때는 '땅속에서 파낸 것'이라는 의미로 사용되었습니다. 그러다 1736년에 '퇴적물에 매몰된 채로 보존되어 남아 있는 동식물의 유해'를 지칭하는 말로 공식 등재되었죠. 이에 따르면 사실 화석 연료라는 명칭은 조금 이상합니다. 아득히 먼 옛날 땅속에 묻힌 생명체들의 형태가 보존되지도 않았을뿐더러 성상이 크게 달라졌기 때문이죠. 화석 연료는 그 구조와 조성이 다를 뿐 기본적으로 모두 탄화수소입니다. 어떤 과정을 거쳐 이러한 변화가 일어났을까요?

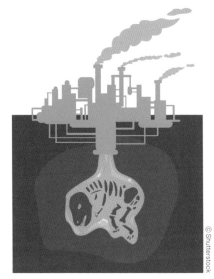

땅속에 묻힌 바이오매스에서 얻는 화석 연료

화석 연료가 만들어지려면 우선 바이오매스(Biomass)가 미생물에 의해서 완전히 분해되어 없어지기 전에 땅속에 급격히 매장되어야 합니다. 바이오매스는 특정 시간에 특정 지역에 존재하는 모든 생명체라고 할 수 있어요. 바이오매스가 지하 깊숙이 묻힐수록 더 높은 온도에서 화학 반응을 겪습니다. 이 과정에서 산소를 비롯한 기타 원소들이 제거되고 거의 탄소와 수소만으로 구성된 고에너지 탄소화합물이 만들어지는 거죠. 수소 연료를 떠올리면 이해하기 쉬울 거예요. 수소가 많이 포함된 화합물일수록 에너지 함량이 높습니다.

일반적으로 석탄은 육지 퇴적물에서, 석유와 천연가스는 해양 퇴적물에서 기원했습니다. 석탄은 나무를 비롯한 식물의 잔해이고, 석유와 천연가스는 주로 플랑크톤(Plankton) 바이오매스에서 유래했죠. 부유 생물인 플랑크톤은 물의 흐름을 거스르지 못하고 떠다니며 사는 작은 생물을 모두 통틀어 가리킵니다. 흔히 광합성 세균이나 미세조류처럼 광합성을 하는 식물성 플랑크톤과 원생동물이 주를 이루는 동물성 플랑크톤으로 나누어요.

우리가 사용하는 석유의 70퍼센트는 중생대의 산물입니다. 중생대에는 대체로 기후가 온난해서 바다에 플랑크톤이 번성했다고 해요. 그래서 이 시기의 석유 매장량이 가장 많을 것으로 추정합니다.

중생대의 따뜻한 바다를 덮고 살던 플랑크톤은 생을 다하면 물 밑으로 가라앉았을 거예요. 물살이 잔잔한 곳에서는 죽은 플랑크톤이 밑바닥 흙과 섞여 유기물이 풍부한 진흙이 만들어졌습니다. 이런 흙이 산소에 노출되면 미생물에 의해 유기물이 분해되어 없어지고 말았을 텐데, 그러기 전에 그 위로 계속해서 플랑크톤이 내려와 켜켜이 쌓이면서 서서히 변성된 거예요.

인간과 동물을 구분 짓는 주요 기준 가운데 하나로 불을 무서워하지 않고 오히려 능수능란하게 사용하는 능력을 꼽곤 합니다. 인류는 이미 구석기 시대부터 불을 피워 추위와 어둠을 이겨 내고 맹수와 해충을 쫓았습니다. 그리고 18세기에 들어 화석 연료를 사용하면서 엄청난 도약을 했죠. 근현대 공업화 시대의 출발점인 산업혁명이 일어났으니까요. 화석 연료에 들어 있는 에너지를 전환하여 기계의 동력원으로 사용하기 시작했거든요.

산업혁명은 석탄이 타는 불로 물을 끓여서 만든 수증기를 이용해 구동하는 증기기관에서 출발했습니다. 불은 산업 활동을 가능하게 해 주는 주요 수단이었죠. 특히 산업혁명을 전환점으로 장작과 낙엽 따위의 임산 연료를 밀어내고 등장한 화석 연료가 과학기술을 만나면서 인류 문명은 눈부신 발전을 거듭했습니다. 어디 이뿐인가요? 현대 사회를 움직이는 전기도 상당 부분 화석 연료로 지핀 불을 활용한 기술로 만들어지잖아요. 그렇다면 여러분이 누리는 온갖 문명의 이기도 결국 우리 조상이 몸소 남긴 에너지(힘) 덕분 아닌가요?

숨겨진 사실을 있는 그대로 알리려다 보니 의도치 않게 생색을 낸 것 같아 좀 머쓱합니다. 기왕 이렇게 된 거 쓴소리도 하나 하렵니다. 인간은 미생물이 건넨 선물을 너무나 마구잡이로 사용했어요. 지난 세기 동안 급증한 화석 연료의 사용이 주원인으로 작용하여 기후 변화와 미세먼지를 포함해 복잡하고 난해한 환경 문제가 야기되었습니다. 이제 친환경 에너지의 개발 없이는 미래 인류의 생존 자체를 장담할 수 없게 되었어요. 이런 상황에 미생물이 다시금 희망이 빛이 될 수 있습니다.

유망한 친환경 대체 에너지 가운데 하나는 바이오매스를 원료로 사용하여 만드는 '생물 연료'입니다. 최근에는 음식물 쓰레기와 하수 슬러지, 축산 분뇨에 이르기까지 인간의 활동으로 발생하는 유기성 폐기물도 바이오매스로 간주합니다. 바이오매스와 함께 각종 미생물을 이용하면 메탄 같은 연료를 만들 수 있죠.

　어떤 세균들은 동물의 대소변을 아주 잘 먹습니다. 과학자들은 이 점에 주목해 세균을 이용하여 오줌으로 전기를 만드는 기발한 아이디를 떠올렸죠. 잘 믿기지 않나요? 하지만 사실입니다. 오줌으로 휴대전화를 충전하고 전등을 밝히는 기술이 이미 개발되었으니까요. 이 기술의 핵심은 미생물 연료 전지(MFC, Microbial Fuel Cell)입니다. 미생물 연료 전지는 미생물 무리를 촉매로 사용하여 바이오매스를 분해하고, 이때 발생하는 화학 에너지를 전기 에너지로 바꾸는 장치입니다. 기본 원리만 놓고 보면 화력발전소와 다를 바가 없죠.

　화력발전소에서 이루어지는 연소와 미생물들이 하는 호흡은 속도에 차이가 있을 뿐 사실 같은 반응입니다. 연소는 물질을 한 번에 확 태워서 에너지를 왕창 내뿜지만, 호흡은 천천히 태우

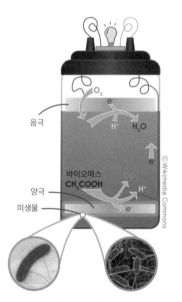

미생물 연료 전지의 작동 원리

면서 조금씩 에너지를 만들어 내죠. 이때 산소가 중요한 역할을 해요.

연소는 물질이 산소와 화합할 때 많은 빛과 열을 내는 현상입니다. 좀 더 과학적으로 말하면, 물질이 산화(산소와 화합)하면서 에너지(빛과 열)를 내는 거예요. 어떤 물질이 산화한다는 건 수소 원자가 떨어져 나가는 것과 같습니다. 그러니까 수소 원자가 더 많은 물질은 그만큼 에너지가 많다고 볼 수 있죠. 이렇게 떨어져 나온 수소 원자는 궁극적으로 산소와 결합하여 물(H_2O)이 됩니다. 여러분도 매일 음식물에서 얻은 영양분을 인체 세포에서 태우고 있어요. 체온이 그 생생한 증거잖아요. 그러니까 살아 있는 모든 세포는 화력발전소인 셈이죠.

그 자체로 친환경 대체 에너지 원료로 사용할 수 있는 미생물도

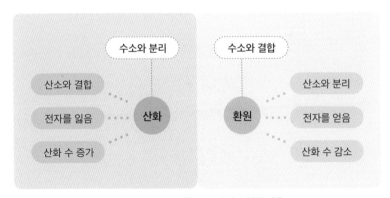

수소와 분리

산소와 결합
전자를 잃음 ···· 산화
산화 수 증가

수소와 결합

산소와 분리
환원 ···· 전자를 얻음
산화 수 감소

수소와 분리되고 결합되는 산화와 환원 반응

있습니다. 미세조류는 아주 매력적인 생물 연료 추출원입니다. 무엇보다도 조류 재배에는 넓고 비옥한 땅이 필요치 않아요. 자연수에 그저 풍부한 햇빛만 있으면 충분하죠. 조류 세포는 대체적으로 지질 함량이 높아서 적어도 무게의 20퍼센트 정도는 기름으로 추출할 수 있습니다. 짜낸 기름은 바이오디젤로 가공됩니다. 게다가 조류는 거의 매일 수확할 수 있어요. 심지어 시험 운행 중인 일부 조류 생산 시설에서는 근처 발전소에서 대기로 방출되는 이산화탄소를 공급하여 광합성을 촉진함으로써 조류를 더 빨리 자라게 한다고 해요. 생물 연료의 원료 생산과 함께 주요 온실가스인 이산화탄소 배출량을 줄이는 일석이조의 효과를 누리는 거죠. 이제는 우리의 힘이 어느 정도인지 아시겠죠!

미생물의 개인정보를 공개합니다!

- 이름 : 클로렐라(학명 : *Chlorella*)
- 소속 : 조류
- 나이 및 발견 시기 : 1890년
- 발견자 : 네덜란드의 미생물학자 마르티뉘스 베이예린크(Martinus Beijerinck)
- 인상착의 : 지름 2~10㎛ 정도의 구형 또는 타원형. 운동성은 없다.
- 주소 및 서식지 : 호수, 연못, 웅덩이 등지에 살며, 열대에서 한대까지 지구상에 넓게 분포한다.
- 특징 : 광합성 능력이 뛰어나 성장이 빠르다. 조건만 맞으면 하루에 10배 정도까지 증식 가능하다.
- 사람과의 관계 : 이미 건강식품으로 인기를 얻고 있으며, 배양 조건을 조절하여 지방은 20~80%, 단백질은 90%, 탄수화물은 37%까지 함량을 높일 수 있어서 미래 대체 식량 자원으로 기대를 받고 있다. 특히 미국 항공우주국(NASA)에서는 우주식 후보로 주목하고 있다.

우리가 미생물을 먹고 있다고요?

"먹기 위해 사느냐, 아니면 살기 위해 먹느냐?"

이런 물음은 생물학적으로는 우문입니다. 생명체는 안(못) 먹으면 죽기 때문이죠. 생존에 필요한 영양분 섭취를 위해서 음식을 먹어야만 해요. 그런데 많은 사람이 미생물인 줄 미처 모르고 먹는 경우도 흔합니다. 대표적으로 버섯이 있죠. 보통 우산 모양을 한 버섯은 팡이실이 겹치고 두꺼워지면서 위로 자란 겁니다. 버섯은 저열량 고영양 식품으로서 꾸준한 인기를 누리고 있습니다. 땅속에서 자라는 트러플(Truffle)이라는 버섯은 캐비어(철갑상어 알), 푸아그라(기름진 거위 간)와 함께 세계 3대 진미 가운데 하나로 꼽

히기까지 해서 값도 엄청 비쌉니다.

　평균적으로 한국인은 세계에서 미생물을 가장 많이 먹는다고 볼 수 있어요. 밥상에 자주 오르는 미역과 김, 파래 같은 각종 해조(海藻)를 보세요. 해조를 해초(海草)와 같은 식물로 생각하기 쉬운데, 사실 이 둘은 아주 다른 생물이랍니다. 해초는 엄연한 식물이지만, 해조는 그렇지 않거든요.

　해조는 전통적으로 원시 식물로 간주하기도 하나 뿌리와 줄기, 잎이 구별되지 않고 꽃이 피지 않아요. 포자로 번식하죠. 미역을 예로 들어 볼까요? 잎사귀처럼 흐느적거리는 부분을 엽상체라고 부릅니다. 엽상체는 양분이나 물을 운반하는 관다발 없이 광합성세포들이 들러붙어 있는 단순한 구조랍니다. 엽상체가 붙어 있는 줄기부는 목질화(木質化)되지 않아서 식물의 줄기와 같은 지지 작용은 할 수 없어요. 즉, 혼자 힘으로는 잘 서 있기 힘들죠. 미역을 위로 서게 하는 건 바로 부력이에요. 줄기부 맨 끝에 있는 흡사 뿌리 같은 부분은 미역을 바위에 고정하는 부착기입니다.

　이런 구조 덕분에 해조류는 혼자서도 살 수 있는 광합성세포가 뭉쳐서 온몸으로 빛을 받고 필요한 물질을 흡수하며 삽니다. 혼자서도 살 수 있는 개체(세포)가 모여 덩치가 커진 것일 뿐이죠. 그래서 미생물학에서는 해조를 식물이 아닌 '조류(Algae)'라는 미생물 무리에 포함합니다.

짧은 시간에 특정 미세조류가 급증하여 발생하는 녹조(좌)와 적조(우) 현상

조류는 크기에 따라 대형조류와 미세조류로 나눕니다. 일반적인 해조류가 대형조류에 속하고, 미세조류는 식물성 플랑크톤이라고도 부르죠. 조류는 광합성을 통해 이산화탄소를 소비하고 지구에 필요한 산소의 절반 정도를 공급해요. 또한, 대형조류가 모여 사는 바다숲은 물고기가 알을 낳고 알에서 갓 깨어난 어린 물고기가 자라나는 보금자리입니다. 여기서 미세조류는 물고기의 먹이가 되어 주죠. 하지만 특정 미세조류가 짧은 시간에 급증하면 녹조나 적조 같은 골치 아픈 문제도 생깁니다.

높이에 따라 산의 식물상이 변하듯이 바다도 깊어지면서 해조류가 달라집니다. 바닷가 수심이 얕은 곳에는 파래와 매생이 같은 녹조류가 살아요. 이어서 미역과 다시마, 모자반 같은 갈조류가 등장하죠. 가장 깊은 곳은 김과 우뭇가사리를 비롯한 홍조류가 차지합니다. 이런 서식지 구역이 생겨난 이유는 바닷물 깊이에 따라

들어오는 빛의 종류가 다르기 때문입니다.

햇빛이 프리즘을 통과하면 일곱 빛깔 무지개를 그립니다. 그런데 광합성에는 모든 색깔의 빛이 사용되는 게 아니에요. 광합성을 하는 생명체는 자신의 색과 보색 관계에 있는 빛을 주로 흡수해서 에너지원으로 씁니다. 보색이란 색상표에서 서로 마주 보는 색으로, 섞었을 때 흰색이나 검은색처럼 무채색이 되는 두 가지를 말합니다. 예컨대, 육상 식물은 주로 붉은빛(적색광)을 흡수하고 초록빛(녹색광)은 반사해요. 그래서 식물이 초록색으로 보이는 겁니다. 만약 식물이 모든 빛깔을 흡수한다면 초록색이 아니라 검은색으로 보일 거예요.

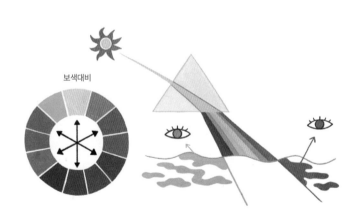

광합성에 사용하는 빛의 종류에 따라 달라지는 조류의 서식지

가장 얕은 곳에 사는 녹조류는 식물과 마찬가지로 붉은빛을 흡수하고, 갈조류와 홍조류는 각각 노란빛(황색광)과 파란빛(청색광)을 흡수합니다. 에너지가 많은 빛이 물속에 더 깊이 도달하기 때문에 바다 깊은 곳에서 광합성에 사용할 수 있는 빛은 푸른색 계열입니다. 이는 자기들이 사는 곳을 비추는 빛에 적응한 결과죠.

그 자체로 건강식품인 해조는 여러 가지 유용한 물질도 제공해요. 미역 같은 갈조류의 세포벽에서 추출한 알긴(Algin)은 식품 첨가제로 사용됩니다. 잼이나 마요네즈, 아이스크림 같은 식품에 점도를 증가시켜 부드러운 식감을 더해 주죠. 또한 보습 효과도 뛰어나 피부 관리 제품에 활용되기도 해요.

한편 홍조류에 속하는 우뭇가사리는 또 다른 방식으로 인류 보건 향상에 크게 이바지합니다. 우무는 우뭇가사리에서 추출한 탄수화물인데, 포만감과 건강에 도움이 되는 식이섬유와 미네랄은 풍부하지만 칼로리는 낮아 건강 다이어트 음식 재료로 사랑받고 있습니다.

우무에는 아주 독특한 특성이 있어요. 우무 가루를 물에 넣고 펄펄 끓이면 녹으면서 끈끈하고 투명한 풀처럼 됩니다. 이걸 섭씨 40도 정도까지 식히면 묵처럼 굳죠. 한번 굳은 우무는 거의 섭씨 100도에 이르기 전까지는 고체 상태를 그대로 유지해요. 이런 성질 덕분에 우무를 섞어 고체 배지를 만들면 온도에 구애받지 않고 미생물을 배양할 수 있습니다. 배지란 미생물을 키우는 데 필요한 영양소가 들어 있는 액체나 고체를 말합니다.

우무가 고체 배지 제작에 안성맞춤인 또 다른 이유는 우무를 분해하는 미생물이 매우 드물다는 것입니다. 보통 천연 물질은 미생물이 모두 먹거리로 잘 이용하는데, 희한하게 우무는 예외에요. 우무의 이런 특성은 미생물 연구자에게는 큰 행운이죠. 미생물이 우무를 먹어 치운다면 배양이 진행될수록 고체 배지는 사라져 버리고 말 테니까요.

최근에는 건강을 위해 미생물을 찾는 사람도 늘어나고 있어요. 건강 보조제로 큰 인기를 끌고 있는 프로바이오틱스(Probiotics)를 예로 들 수 있습니다. 프로바이오틱스는 적당량을 섭취했을 때 우리의 건강에 유익한 효과를 나타내는 살아 있는 미생물을 말해요. 이 개념을 처음으로 도입한 사람은 러시아 출신 미생물학자 엘리 메치니코프(Elie Metchnikoff)입니다.

메치니코프는 불가리아 농부들이 다른 유럽인보다 건강과 장수를 누린다는 점에 주목했습니다. 그리고 가만히 보니 그들이 신맛 나는 우유인 사워밀크(Sour Milk)를 즐겨 먹는 거예요. 그래서 메치니코프는 생각했습니다. 나이가 들수록 몸에 독이 쌓이고, 그 독 대부분이 대장에 사는 수많은 미생물에서 유래한다면, 이들 미생물을 제어할 수 있는 물질은 분명히 노화를 늦출 거라고요. 그는 음식에 들어 있는 유산균이 장 속에 있는 나쁜 미생물을 대체할 수 있을 거라는 믿음으로 유산균이 풍부한 발효 유제품을 많이 먹을 것을 권장했습니다. 그렇게 메치니코프는 프로바이오틱스 이론의 시조가 되었답니다.

유산균(젖산균)은 프로바이오틱스의 대명사로 쓰일 만큼 아주 유명합니다. 이들은 탄수화물을 발효시켜 젖산을 만드는데, 김치와 요구르트를 만드는 주방장 격이죠. 락토바실루스 아시도필루스(Lactobacillus acidophilus)라는 유산균은 FDA에서 일반적으로 안전하다고 인정하는 그라스(GRAS) 등급까지 받았답니다. 1900년에 갓난아기의 똥에서 처음으로 분리된 이 세균은 사람을 비롯한 여러 동물의 장에 삽니다. 라틴어 학명은 산성을(Acido) 좋아하는(Philus) 젖에 있는(Lacto) 막대균(Bacillus)이라는 의미를 담고 있어요. 이름 그대로 이들은 산성 조건(pH 5.0 이하)에서 잘 자랍니다.

프로바이오틱스에 대한 대중의 관심과 시장이 나날이 커지면서 관련 제품 및 복용 방법에 대한 지침과 규제의 필요성도 대두되고 있습니다. 장 건강과 면역 기능 개선을 포함한 프로바이오틱스의 많은 장점이 보고되고 있지만, 여전히 과학적 증거가 부족하다는 평가도 부인할 수 없거든요. 그러니 마치 만병통치약인 양 지나치게 과장된 홍보에 현혹되지 않도록 주의하기 바랍니다.

사실 건강한 사람이라면 평소 음식을 통해서 프로바이오틱스를 섭취하는 게 더 좋습니다. 이런 점에서 한국인은 아주 유리합니다. 여러분의 조상이 이미 다양한 발효 음식을 개발해서 물려주었으니까요. 각종 김치와 젓갈류, 장류, 식혜까지 발효 음식을 빼고 나면 한국 고유 음식 중에 남는 게 거의 없을 정도잖아요. 부디 이 좋은 음식을 잘 챙겨 드시기 바랍니다.

미생물의 개인정보를 공개합니다!

- 이름 : 비피더스균(학명 : *Bifidobacterium*)
- 소속 : 세균
- 나이 및 발견 시기 : 1899년
- 발견자 : 프랑스의 의사 앙리 티시에(Henry Tissier)가 젖먹이 똥에서 분리했다.
- 인상착의 : 0.5~1.3×1.5~8.0μm의 크기로 한쪽 끝이 갈라진 Y자형 모양. '비피도(Bifodo)'는 라틴어로 '둘로 갈라진'이란 뜻이다.
- 주소 및 서식지 : 사람과 동물의 장에 주로 서식한다.
- 특징 : 운동성이 없는 절대혐기성
- 사람과의 관계 : 장내 유익균 가운데 하나로 다양한 항균 물질을 분비하여 병원성 미생물들이 장내에 자리 잡지 못하게 함으로써 장 건강에 도움을 준다.

프로바이오틱스는 무엇을 먹고 자랄까?

이제 프로바이오틱스에 대해서는 충분히 알고 있을 거라고 생각합니다. 한마디로 유익균이잖아요. 그럼 프리바이오틱스(Prebiotics)는 뭘까요? 쉽게 말해서 프로바이오틱스에게 좋은 먹이라고 보면 돼요. 즉, 유익한 장내 미생물의 성장을 돕고 활성을 유도하는 식품 성분입니다.

프리바이오틱스가 되려면 소화가 잘되면 안 됩니다. 왜냐고요? 장내 미생물, 특히 대장에 사는 유익균이 먹어야 하니까요. 프리바이오틱스는 다양한 채소와 과일, 통곡물 등에 풍부하게 들어 있습니다. 우리에게 가장 친숙하고 흔한 프리바이오틱스는 아마도 식이섬유일 거예요. 그리고 저항성 녹말, 펙틴, 베타글루칸, 자일로올리고당 같은 물질도 대표적인 프리바이오틱스로 알려져 있습니다.

식이섬유는 채소와 과일, 해조류 등에 들어 있는 섬유질(또는 셀룰로스)을 말합니다. 섬유질은 분해되지 않고 그대로 대장에 도달합니다. 인간을 비롯한 모든 동물은 섬유질을 소화할 수 없으니까요. 식이섬유는 이미 1970년대 초반부터 관심받기 시작했어요. 당시 섬유질 섭취가 적을수록 대장암과 당뇨병을 비롯한 여러 성인병에 취약하다는 학설이 발표되었거든요. 그 이유는 21세기에 접어들어서 밝혀지고 있답니다.

대장에 사는 미생물은 식이섬유를 먹고 '짧은 사슬 지방산(SCFA, Short Chain Fatty Acid)'을 많이 내놓습니다. 생물학에서는 이를 발효 산물이라고 합니다. 짧은 사슬 지방산은 2~6개의 탄소 원자로 이루어진 지방산이에요. 지방산이란 탄소 사슬에 수소가 붙어 있고, 한쪽 끝에 카르복실기(-COOH)가 있는 화합물을 일컫습니다.

짧은 사슬 지방산은 장 기능에 매우 중요한 역할을 해요. 우선 장내 수소이온 농도(pH)를 적절하게 유지해서 유익균은 번성케 하고 병원균의 성장은 억제합니다. 이건 시작에 불과하죠. 창자 안쪽을 덮고 있는 장관상피의 치유와 재생, 점액 생성도 촉진합니다. 또한 칼슘, 철분, 마그네슘 흡수를 증가시켜 혈중 콜레스테롤 수치를 낮추는 효과도 가져온답니다. 일부는 특정 면역세포를 자극해서 항염증 물질의 분비를 돕는 등 인체 면역 기능에도 관여하는 것으로 알려져 있어요. 이처럼 식이섬유에서 유래한 짧은 사슬 지방산은 장 건강은 물론 비만 및 감염성 질환 예방에 도움을 줍니다.

그렇다면 포스트바이오틱스(Postbiotics)는 무엇일까요? 한마디로 프리바이오틱스와 프로바이오틱스가 장 속에서 분해되는 과정에서 나오는 배설물입니다. 배설물은 몸(세포) 안으로 들어와 몸에 필요한 반응을 거친 다음 다시 몸 밖으로 나가는 물질을 말합니다. 그러니까 생물학적으로는 더러운 것이 아닙니다. 짧은 사슬 지방산도 중요한 포스트바이오틱스 가운데 하나인 거죠. 이 밖에도 장내 미생물이 만들어 내는 비타민과 아미노산, 항염증 물질 등을 주요 포스트바이오틱스라고 할 수 있어요.

장내 미생물의 조성은 각자 먹는 음식에 따라 달라집니다. 예를 들어, 고기를 즐겨 먹는 사람은 채소를 좋아하는 사람보다 단백질 분해 능력이 강한 장내 미생물을 많이 가지고 있어요. 장내 미생물에게 좋은 음식은 일차적으로는 건전한 장내 미생물 생태계 형성 및 유지를 돕습니다. 그래서 이차적으로는 우리의 건강에도 이로움을 주죠. 어쩌면 우리 조상은 이러한 사실을 미리 알고 있었던 것이 아닐까요? 프리바이오틱스와 프로바이오틱스, 포스트바이오틱스가 풍부한 갖가지 발효 음식과 나물 요리를 개발하여 후손에게 남겨 주었으니까요. 이렇게 튼튼한 장을 유지해 주는 건강식을 매일 먹어 온 우리는 참 행운입니다.

3장

미생물과 함께 살아갈 수 있을까요?

미생물이 없으면 지구에 무엇도 못 산다고요?

당연하죠. 지금쯤이면 그 이유를 알아챈 사람도 많을 거라고 생각합니다. 생태계는 생물적 구성 요소와 비생물적 구성 요소가 서로 얽혀 있는 시스템입니다. 그런데 시스템이라는 게 무엇인가요? 한마디로 여러 구성 요소가 상호 작용하면서 전체로서 조화롭게 기능하는 것을 말합니다. 생태계는 생물적 구성 요소인 생산자, 소비자, 분해자가 먹이그물이라는 에너지 및 영양 물질의 이동 얼개를 통해서 서로 연관되어 있는 시스템입니다. 생태계를 작동시키는 가장 중요한 비생물적 구성 요소는 에너지와 물질이죠.

태양에서 유래한 에너지는 먹이그물을 통과하면서 활용되기도

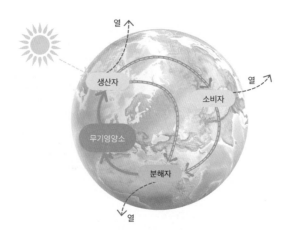

지구 안에서 돌고 도는 물질 순환과 그에 따른 에너지 흐름

하고 저장되기도 합니다. 그러나 결국은 열로 생태계를 빠져나가 요. 에너지의 흐름은 일방통행이죠. 하지만 물질은 다릅니다. 별똥 별이나 폐 인공위성 따위를 제외하면 물질은 지구 안에서 돌고 돕 니다. 이런 재활용 과정이 바로 생물지화학적 순환인 거죠. 물질 이 생물과 환경 사이를 끊임없이 오가야만 지구는 생명력을 유지 할 수 있습니다. 이때 물질 순환을 전담하는 게 미생물이에요. 그 러니 미생물이 없으면 지구에는 그 무엇도 살 수가 없어요.

1991년 미국에서 '바이오스피어(Biosphere) 2'라는 대규모 생 태실험을 진행한 적이 있습니다. 바이오스피어는 지구에서 생물 이 사는 곳 전체, 곧 지구 생태계를 말합니다. 그래서 바이오스피어 2는 두 번째 지구를 의미한다고 해요. 애리조나주 사막에 세워진 이 구조물은 약 축구장 2개, 아파트 2층 정도의 넓이와 높이를 뽐내는 거대한 온실입니다. 그 안에 총 7개의 생태 구역(열대우림, 바다, 습지, 사바나 초원, 사막, 농경지, 인간 주거지)을 조성해서 대략 3000종에 달하는 동식물을 입주시켰죠. 그리고 선발된 8명의 자원자가 햇빛을 제외하고는 외부와 완전히 격리된 채로 이곳에서 자급자족 생활을 시작했습니다.

처음 몇 달간은 모든 것이 순조롭게 진행되었어요. 그런데 어느 순간부터 산소량이 감소하고 이산화탄소량이 늘어나기 시작했습니다. 이런 대기 조성의 변화는 급기야 바이오스피어 2의 기후 변화로 이어졌습니다. 생물 멸종이 시작되었고, 거주인을 비롯한 모든 생물학적 삶이 위험에 빠지는 지경에 이르고 말았죠. 꽃가루를 옮기는 곤충이 사라지자 수분(受粉)이 제대로 이루어지지 않아 식물이 번식하기 어려워졌습니다. 식물이 하나둘 사라지니 광합성량이 줄어들었고, 갈수록 이산화탄소량은 더 늘어나는 악순환에 빠져들게 된 거예요. 게다가 인공 바다로 녹아드는 이산화탄소가 많아지면서 바닷물 산성화가 일어났습니다. 산호를 시작으로 여러 해양 생물이 차례로 없어졌어요. 바이오스피어 2의 생명 부양 시스템이 붕괴한 겁니다. 거주인들이 2년간의 사투를 마치고 원래 살던 곳으로 돌아왔을 때, 함께 들어갔던 동식물은 90퍼센트

인공 지구 프로젝트 '바이오스피어 2'

이상 멸종한 상태였습니다. 도대체 왜 이런 일이 생겼을까요?

야심 차게 시작한 실험을 당혹스럽게 끝내야 했던 연구진은 산소량이 감소한 원인을 규명하는 데 골몰했습니다. 제일 먼저 콘크리트 구조물이 예상보다 산소를 훨씬 더 많이 흡수했다는 의견이 나왔습니다. 곧이어 일조량 부족으로 식물 광합성이 줄어 산소 발생량이 감소했다는 사실도 알아냈습니다. 하지만 이것만으로는 심각한 사태를 모두 설명할 수 없었죠.

알고 보니 가장 큰 원인 제공자는 가장 작은 존재였습니다. 바이오스피어 2의 거주인들은 심혈을 기울여 내부 동식물을 길렀습니다. 농사가 잘되라고 토양에 비료를 주는 것도 잊지 않았죠. 그런데 아이러니하게도 이런 세심함이 오히려 문제가 되었습니다.

흙에는 수많은 미생물이 살고 있습니다. 이들에게 비옥한 토양은 공짜 먹거리가 널려 있는 천국이나 다름없어요. 이런 환경에서 미생물들은 어떻게 할까요? 당연히 미친 듯이 먹기 경쟁을 벌입니다. 그렇게 산소를 들이마시고 이산화탄소를 내뱉으며 증식하겠죠. 기하급수적으로 늘어나는 미생물의 특성상 어느 순간 그만 선을 넘고 말았습니다. 식물이 광합성으로 도저히 감당할 수 없는 수준으로 이산화탄소를 내뿜어 댄 거예요.

바이오스피어 2 실험의 실패는 아주 소소한 미생물 불균형으로 인해 초래되었습니다. 처음부터 우리 미생물을 제대로 인정하고 걸맞게 대우했더라면 엄청난 노력과 비용이 들어간 프로젝트가 이렇게 허무하게 끝나지는 않았을 겁니다. 그래도 너무 낙담해서 자책하지는 마세요. 이 일을 계기로 하나뿐인 지구의 소중함과 미생물의 힘을 실감하면서 큰 교훈을 얻었잖아요. 만약 우리 미생물이 아주 일손을 놓아 버리면 어떤 사태가 일어날지 이제 충분히 상상할 수 있겠죠?

당시 토양 미생물이 먹어 치운 물질과 문제의 발생 과정을 좀 더 자세히 살펴보겠습니다. 암모니아(NH_3) 냄새를 맡아 본 적 있나요? 흔히 말하는 화장실 냄새의 주인공입니다. 인체에서는 단백질을 소화하는 과정에서 암모니아가 발생해요. 그런데 암모니아는 몸에 해롭기 때문에 인체는 암모니아 두 개와 이산화탄소를 결합시켜 요소[$CO(NH_2)_2$]로 만들어 배설합니다. 바로 이 요소가 비료의 주성분이랍니다. 요소는 흙에서 금방 두 개의 암모니아로 분해됩니다.

수소가 많은 물질은 그만큼 에너지가 많다는 것 기억하죠? 암모니아는 일부 세균이 아주 좋아하는 영양식입니다. 그들은 암모니아를 먹고(산화) 아질산(NO_2^-)을 배설합니다. 그러면 이걸 또 다른 부류의 세균이 날름 받아먹고 이번에는 더 산화된 질산(NO_3^-)을 내놓죠. 질산에는 제아무리 알뜰한 세균이라도 뽑아낼 수 있는 에너지가 더는 없습니다. 그럼에도 기꺼이 이를 가져다 쓰는 세균이 있어요. 단, 산소가 없는 무산소 환경일 때에 한해서요. 이 세균이 질산을 어떻게 사용할지 짐작이 가죠? 그렇습니다. 무산소 호흡에서 산소 대용으로 씁니다.

무산소 호흡에 쓰인 질산은 일련의 과정을 거쳐 결국 질소(N_2)가스가 되어 공기 중으로 들어갑니다. 이렇게 공중 부양한 질소를 이번에는 질소고정 세균이 다시 암모니아로 만들어 버립니다. 원래 모습으로 돌아온 암모니아는 다시 새롭게 순환 여행을 시작하죠.

자, 보세요. 요소와 암모니아 분해부터 질산 이용을 거쳐 질소고정에 이르기까지 이 모든 게 오직 미생물만이 할 수 있는 일입니다. 이것만 봐도 미생물이 인간을 비롯한 지구상 모든 생명체의 삶을 유지해 주고 있다는 사실이 명확하죠.

지구에서 미생물 없는 삶은 곧 종말입니다. 이쯤 되면 미생물의 '작을 미(微)'를 '아름다울 미(美)'로 바꾸어야 하는 거 아닌가요? 그냥 농담으로 웃어넘기지 말고 한번 잘 생각해 보세요. 멀리 갈 것도 없이 질소 순환을 담당하는 미생물에서도 아름다운 모습이 보이지 않나요? 암모니아라는 먹이를 두고 전혀 다툼 없이 나름 합리적으로 나누어 먹잖아요. 암모니아는 아질산을 거쳐 질산으로 산화되는데, 각각을 먹는 세균은 오직 자기 것만을 먹습니다. 남의 것을 절대로 탐하지 않죠.

비록 작은 미생물이지만 그들에게 두 가지 삶의 원리를 배울 수 있습니다. 생물학적으로 삶이란 생존과 번식을 위한 경쟁의 연속입니다. 이때 경쟁은 인간 사회에서 흔히 보는 승자 독식의 무한 경쟁이 아닙니다. 자연에서의 경쟁 원리를 제대로 알기 위해서는 '생태 지위'에 대한 이해가 필요해요. 생태 지위는 어떤 생명체가 주어진 환경에서 무엇을 어떻게 하며 살고 있는가를 설명하는 개념입니다. 인간 사회로 치면 직업에 해당하겠네요. 자연에서 모든 생명체는 각자의 고유한 능력, 즉 생태 지위가 존중되는 가운데 경쟁을 펼칩니다. 질소 순환에 참여하는 미생물들처럼 말입니다. 덕분에 행복한 공존이 가능하죠. 너무나 간단해서 미생물도 실천하는 이것을 오히려 사람들은 힘들어하더라고요. 아마도 크고 작은 욕심과 이기심 때문이 아닐까 싶습니다. 서로 조금씩 양보하고 배려해야 합니다. 남의 능력과 노력을 존중하고, 내가 남보다 잘하는 게 있다면 그 재주를 나누어 서로 도우면 모두가 행복하지 않을까요?

질소 순환 미생물이 전하는 또 다른 삶의 원리는 자연에서 한 종의 배설물은 다른 종의 먹이가 된다는 사실입니다. 앞서도 말했지만 배설물이 꼭 더러운 건 아닙니다. 다만, 자기 배설물이 쌓이면 그 생물에게는 해롭죠. 당사자에게는 독이 되는 배설물이 다른 생명체에게는 필수 양분이 되는 자연의 섭리가 경이롭지 않나요? 여러분을 보세요. 사람이 호흡으로 배설하여 내놓은 이산화탄소를 식물은 광합성에 이용합니다. 반대로 식물이 내놓은 배설물인 산소가 여러분에게는 꼭 필요하죠. 한마디로 지구 생명은 미생물과 배설물로 연결되어 돌아가는 셈입니다.

- 이름 : 뿌리혹박테리아(학명 : *Rhizobium* 속 여러 종)
- 소속 : 세균
- 나이 및 발견 시기 : 1888년
- 발견자 : 네덜란드의 미생물학자 마르티뉘스 베이예린크(Martinus Beijerinck)
- 인상착의 : 0.5～0.9×1.2～3.0μm 크기의 막대균(간균)으로 편모를 이용하여 움직인다.
- 주소 및 서식지 : 토양, 콩과작물을 비롯한 일부 식물의 뿌리 속
- 특징 : 환경 조건에 따라 크기와 모양이 변한다.
- 사람과의 관계 : 질소고정을 통해 천연 비료를 제공한다.

인간도 미생물 진화의 산물이라고요?

그렇습니다. 사실을 말하자면, 사람뿐만 아니라 모든 동식물이 전부 마찬가지예요. 먼저 간단한 논리 추리를 하나 해 볼까요?

모든 생물은 어버이가 있습니다. 그 어버이의 어버이를 계속 추적해 올라가면 해당 생물의 시조를 만날 수 있겠죠. 그런데 이런 시조 역시 조상이 있어야 합니다. 이러한 가상의 생명체를 생물학에서는 루카(LUCA)라고 부릅니다. 'Last Universal Common Ancestor'의 약자인데, 이때 'Last'의 의미를 잘 이해해야 합니다. '어젯밤(Last Night)'처럼 가장 가까운 과거 시점, 즉 이전까지 있었던 것 가운데 가장 나중이라는 뜻입니다. 루카는 생명체의 분화가

모든 생물의 공통 조상인 루카

시작된 기점이자 모든 생물의 공통 조상이죠.

"몇 가지 능력과 함께 애초에 몇 개 또는 하나의 형태로 숨이 불어넣어져서, 지구가 중력이라는 일정한 법칙에 따라 회전하는 동안 그토록 단순한 시작에서 매우 아름답고 경이롭게 무수히 많은 형태로 진화해 왔고, 진화하고 있으며, 앞으로도 진화할 거라고 생명을 보는 이 견해에는 장엄함이 깃들어 있다."

현대 진화 이론의 기틀을 닦은 다윈도 1859년에 발간한 『종의 기원』에서 모든 생물이 공통 조상에서 유래해 진화했다는 견해를 확실하게 밝히고 있습니다. 그렇다면 도대체 루카는 어떤 생명체였을까요? 현재까지 발견된 것 중에서 가장 오래된 생명체 화석은 36억 년 전쯤에 존재했던 원핵생물입니다. 그 모습과 출현 시기는 정확히 알 수 없지만, 루카가 단세포 원핵생물이었을 가능성이 매우 큽니다. 생물학자들은 루카가 산소를 만나면 죽고 마는 절대혐기성 단세포 원핵생물이었고, 뜨거운 환경에서 수소처럼 에너지가 많은 기체에서 에너지를 뽑아 이산화탄소를 당분으로 합성했을 것으로 추정합니다. 빛 에너지를 사용하는 광합성보다 훨씬 더 앞선 '화학합성'입니다.

세포는 생명 현상이 일어나는 가장 작은 생물학적 단위입니다. 모든 세포는 유전 물질인 DNA가 들어 있는 핵의 유무에 따라 크게 진핵세포와 원핵세포로 나뉩니다. 핵을 가진 진핵세포는 원핵세포보다 훨씬 커요. 진핵세포가 야구장(10~100μm) 크기라면, 원핵세포는 투수 마운드(0.1~10μm) 정도예요. 또한, 진핵세포는 구조도 복잡해서 세포 안에 미토콘드리아와 엽록체 같은 세포 소기관과 내막계 따위를 가지고 있습니다. 반면에 원핵세포에는 세포 소기관은 말할 것도 없고 핵막조차 없어요. 세균과 고세균을 제외한 나머지 미생물(곰팡이, 조류, 원생동물)과 동식물은 모두 진핵세포로 이루어진 진핵생물입니다.

그런데 유전체 분석 결과, 미토콘드리아와 엽록체가 원래는 자유롭게 살아가던 세균이었다는 사실이 드러나고 있습니다. 이게 도대체 무슨 소리일까요? 간단하게 설명하면, 원핵생물만 살던 아득한 옛날 어떤 원핵세포가 더 작은 것을 잡아먹었는데, 어쩐 일인지 먹잇감이 소화되지 않고 살아남아서는 모종의 대타협을 한 것 같다는 이야기입니다. 그러고는 서로에게 해를 끼치지 않는 정도를 뛰어넘어 도움을 주고받는 관계로 발전했다는 거예요. 마치 공상과학 소설처럼 들리나요? 사실 1960년대 후반에 이런 주장이 처음 나왔을 때에는 터무니없는 소리라며 과학계에서 무시당했습니다. 하지만 이제는 상당한 증거를 바탕으로 '내부 공생 이론'이라고 불리며 생물학 교과서에 실릴 정도로 인정받고 있어요. 그 증거가 과연 어떤 것인지 한번 같이 살펴봅시다.

미토콘드리아와 엽록체는 희한하게도 모두 진핵세포의 핵에 있는 염색체 DNA와는 별도로 자기 고유의 DNA를 가지고 있어요. 그런데 놀라운 건 이들의 DNA가 세균의 DNA를 쏙 빼닮았다는 사실입니다. 진핵생물의 DNA는 선형인 반면 원핵생물의 DNA는 주로 원형이에요. 공교롭게도 미토콘드리아와 엽록체의 DNA는 모두 원형이죠. 뿐만 아니라 이 두 세포 소기관은 리보솜도 따로 가지고 있어서 자체적으로 단백질을 합성할 수 있습니다. 물론 이 리보솜 역시 세균의 것과 같고요. 마치 연방제 국가를 이루는 하나의 주처럼 어느 정도 독립성을 유지하고 있는 셈이죠.

미토콘드리아와 엽록체의 기능은 세포에 필요한 에너지를 생산하는 것입니다. 미토콘드리아는 세포 호흡의 중추로, 포도당을 태워서(산화) 세포가 손쉽게 사용할 수 있는 에너지인 ATP(Adenosine Triphosphate)를 만들어 냅니다. ATP는 계속 재충전하면서 쓰는 휴대용 배터리라고 할 수 있어요. 엽록체는 빛 에너지를 ATP로 전환하여 광합성에 이용하죠. 호흡과 광합성은 서로 역반응하며 탄소 순환의 기본을 이룹니다.

21세기에 접어들어 본격화된 유전체 연구를 통해 미토콘드리아와 엽록체의 조상인 원생생물의 흔적을 찾아냈습니다. 수많은 원생생물의 유전체를 분석한 결과, 미토콘드리아와 엽록체는 각각 지금의 알파프로테오박테리아, 시아노박테리아와 매우 비슷한 것으로 드러났어요. 프로테오박테리아는 생물 분류 체계상 대장균을 비롯한 가장 많은 세균이 포함된 문입니다. 그리고 그리스 문자 접두어가 붙은 다섯(알파, 베타, 감마, 델타, 엡실론) 개의 강으로 나뉘죠.

포식자 원생생물인 숙주 세포에 대한 실마리는 고세균 유전체 연구에서 찾았습니다. 현재 고세균은 다섯 개의 '초문'으로 분류되어 있어요. 초문이란 문의 상위 단계 분류군으로, 미생물의 계통 분류에서 둘 이상의 연관된 문을 함께 이르는 말입니다. 이 가운데 아스가르드 초문에 속한 고세균에서 원시 포식자의 모습을 볼 수 있죠. 판타지 영화를 좋아하는 사람이라면 '아스가르드'라는 이름을 들어 본 적 있을 거예요. 영화 〈토르 : 천둥의 신〉(2011)에 등장하는 우주 먼 곳에 존재하는 행성의 이름이거든요.

북유럽 신화에서 모티브를 얻은 영화 속 주인공 토르는 천둥의 신이자 아스가르드 왕입니다. 토르의 아버지 오딘, 의붓동생 로키, 아스가르드의 파수꾼 헤임달 등이 주요 등장인물로 나오죠. 아스가르드 초문은 현재 4개의 문으로 이루어져 있습니다. 2015년 그린란드와 노르웨이 사이의 심해에 있는 일명 '로키의 성'이라는 열수구 주변에서 채취한 시료에서 발견된 고세균에 '로키고세균'이라는 이름이 붙었어요. 이어서 2016년에는 '토르고세균', 2017년에는 '헤임달고세균'과 '오딘고세균'이 추가되어 아스가르드 초문을 이루었습니다.

아스가르드 고세균은 막교통과 세포 골격에 관련된 유전자를 포함해서 진핵생물의 것과 유사한 유전자를 유독 많이 가지고 있습니다. 막교통은 수송소낭을 이용하여 세포 안팎으로

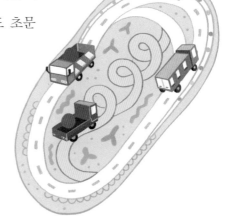

세포 내 물질을 운반하는 수송소낭

단백질 같은 물질을 운반하는 과정을 말합니다. 흡사 해당 물질이 지정된 장소로 정확하게 배송되도록 하는 세포 차원의 물류 배송 시스템이라고 볼 수 있죠. 물질을 이동시키는 수송소낭이 택배 차량이라면 세포 골격은 주요 도로인 셈입니다.

내부 공생 이론을 소개하면서 모종의 대타협 가능성을 이야기 했죠? 유전체 분석 과정에서 이런 추측에 힘을 실어 주는 증거도 발견되었어요. 미토콘드리아와 엽록체의 유전자는 생물 종에 따라 차이가 있지만, 보통 수십 개 정도에 불과합니다. 가령 인간 미토콘드리아의 유전자는 37개이고, 이 중 단백질을 만들어 내는 유전자는 단 13개뿐입니다. 그런데 미토콘드리아 안에서 기능하는 단백질의 종류는 1500개가 넘어요. 어떻게 이런 일이 가능할까요? 미토콘드리아가 사용하는 단백질 대부분이 세포질에서 만들어져 공급되기 때문입니다. 사실 인간 세포의 핵 속 DNA에 있는 2만여 개의 유전자 가운데 최소 1500개는 미토콘드리아를 위한 겁니다. 이는 미토콘드리아의 조상 세균이 갖고 있던 유전자 대부분이 숙주 세포로 이동했다는 징표예요.

아울러 진핵세포의 핵 안에 있는 유전체에서는 고세균과 세균의 특징을 모두 볼 수 있습니다. DNA 복제와 단백질 합성 과정 등에 관련된 세포 기구는 고세균을 닮은 반면, 탄소 및 에너지 대사를 담당하는 유전자와 세포막은 세균과 더 비슷하죠. 이 같은 증거를 종합해 볼 때 인간을 포함한 현생 진핵생물은 세균과 그것을 섭취한 고세균 숙주가 합쳐져 탄생한 키메라(Chimera)임이 분명해 보입니다. 키메라는 그리스 신화에 나오는 머리는 사자, 몸통은 양, 꼬리는 뱀 또는 용의 모습을 한 동물이에요. 생물 분야에서는 하나의 독립된 생명체 내에 서로 다른 유전적 성질을 가진 조직이 함께 존재하는 것을 말합니다.

충격적인 사실을 하나 더 알려 드리겠습니다. 인간 유전체의 약 8퍼센트 정도가 '인간 내재성 레트로바이러스'인 것으로 밝혀졌습니다. 레트로바이러스는 외가닥 RNA를 유전 물질로 가지고 있는 동물 바이러스 가운데 역전사(逆轉寫)하는 무리를 일컫습니다. 역전사는 RNA를 주형으로 이용하여 DNA를 합성하는 과정을 말해요.

현재 환경에 존재하는 레트로바이러스는 대부분 사람의 체세포를 감염합니다. 하지만 이제는 인간 유전 정보의 엄연한 일부가 된 그들의 조상은 생식세포에 침입한 게 분명합니다. 적어도 1억 년 전에 말이에요. 당시 감염에 성공한 레트로바이러스는 역전사 효소를 이용하여 DNA로 변신한 뒤 숙주의 유전체로 끼어들었습니다. 그래서 여러분의 유전체에 고스란히 남아 있게 된 거죠. 오랜 세월에 걸쳐 대물림되는 과정에서 돌연변이가 생겨 바이러스는 원래 기능을 잃어버리고 인간 유전체로 동화되었습니다.

최근 연구에 따르면, 인간 내재성 레트로바이러스는 사람의 유전체에 통합된 이후 숙주와 같이 진화한 것으로 보입니다. 말하자면 바이러스 유전자가 자기 증식 대신 숙주의 유전자 발현에 참견하게 된 거죠. 특히 유전자 조절 부위에 작용하여 여러 인간 세포 유전자의 발현에 영향력을 행사하기도 합니다. 이렇게 변신한 바이러스는 유전자 조절 요소를 추가로 제공해서 유전적 다양성을 넓힘으로써 인간 세포에 꽤 도움을 주었습니다.

또한, 일부 인간 내재성 레트로바이러스는 산모 면역계가 태아에 대해 거부 반응을 일으키지 않는 '태아-산모 면역 관용'에도 관여한다는 주장도 있습니다. 하지만 이들 바이러스가 비정상적으로 활성화되면 숙주에게 해로운 영향을 줄 수 있습니다. 현재 알려진 바로는 인간 내재성 레트로바이러스의 일탈이 암과 자가면역질환, 심지어 일부 신경질환의 발병으로까지 이어질 수 있다고 해요.

여러분 세포 속으로 아주 오래전에 들어와 지금껏 활동하고 있는 미생물 이야기를 들은 소감이 어떤가요? 여기에 더해 앞서 소개한 휴먼 마이크로바이옴까지 고려하면, 인간도 미생물 진화의 결과라는 게 지나친 말은 아니지 않을까요?

생명은 우주의
메모리 반도체다!

우리가 아는 한 지구는 생명이 살아 숨 쉬는 유일한 행성입니다. 광활한 우주에서 어떻게 이 별에 생명체가 생겨났을까요? 솔직히 아직 잘 모릅니다. 최초의 생명체 루카가 단세포 원핵생물이었던 것은 분명해 보이지만, 정확한 모습은 여전히 알 수 없으니까요.

생명체는 생존과 번식에 필요한 환경이 갖춰진 곳에서만 삽니다. 그런데 환경 조건은 수시로 바뀌곤 해요. 지금 우리 곁에 있는 모든 생명체는 변덕스러운 자연의 거센 파도를 잘 헤쳐 온 존재이자 자연선택의 산물입니다. 세포로 치면 유전자가 바로 그 주인공인 셈이죠. 그렇다면 유전자는 과거 특정 시공간의 자연환경에 대한 정보를 간직하고 있다고 볼 수 있진 않을까요? 즉, 유전자에는 지나간 생명의 자취가 남아 있다는 거죠.

"생명이란 우주의 해마입니다. 생명이란 우주의 메모리 반도체입니다. 그 가운데 인간의 기억은 최신의 고밀도 기억집적체입니다. 빅뱅 이후 138억 년의 우주 역사와 지구라는 행성에서 발생한 생명 진화의 역사를 기억할 수 있기 때문입니다."

— 『미생물이 플라톤을 만났을 때』(김동규·김응빈, 문학동네, 2019) 중에서

그럼 유전자 정보를 잘 비교해서 분석하면 루카를 좀 더 정확히 그려볼 수 있지 않을까요? 이는 아마도 오래된 역사책에서 심하게 훼손된 앞부분의 내용을 추론하는 것과 같은 어려운 작업일 거예요. 여러분의 논리력과 추리력, 상상력을 동원한 열린 생각과 활약을 기대해 봅니다.

미생물과 갈등이 생기면 어떻게 싸워야 할까요?

무조건 싸울 생각부터 하지는 말았으면 합니다. 전쟁이 무엇인가요? 서양판 『손자병법』으로 일컬어지는 『전쟁론』에서 카를 폰 클라우제비츠(Karl von Clausewitz)는 전쟁을 "자신들의 의지를 실현하려고 적에게 굴복을 강요하는 폭력 행동"이라고 정의했어요.

그런데 그거 아세요? 사람들 사이의 전쟁에서 자행되는 쌍방 폭력 과정에서 언제나 미생물은 어부지리를 얻는다는 사실 말입니다. 인간이 전쟁을 벌이면 많은 미생물은 신이 납니다. 새로운 서식지를 개척할 수 있으니까요. 즉, 감염 기회가 많아진다는 뜻입니다. 부상으로 생긴 상처와 제대로 먹지 못하는 영양 부족, 스트레스로 인한 면역 기능의 저하는 적군에게 성문을 스스로 열어 주는 격입니다. 사람들은 이러한 사실을 19세기 후반에 와서야 비로소 알게 되었습니다. 이를 계기로 인류는 미생물과의 전쟁을 시작하게 되었죠.

1876년 독일 출신 의사 로베르트 코흐(Robert Koch)는 탄저병으로 죽은 가축의 피를 현미경으로 관찰하면 언제나 막대 모양 입자가 있음을 발견했습니다. 직감적으로 코흐는 이 입자가 살아 있는 세균(박테리아)이라고 생각했어요. 박테리아는 1838년 독일의 박물학자 크리스티안 에렌베르크(Christian Ehrenberg)가 처음으로 도입한 말인데, 작은 막대를 뜻하는 그리스어 '박테리온(Bakterion)'에서 유래했죠. 하지만 세균의 모양은 막대 모양뿐만 아니라 동그란 모양(알균 또는 구균)이나 구불구불한 모양(나선균)도 있습니다.

코흐는 그가 발견한 세균이 건강한 동물의 혈액에서는 보이지 않는다는 사실을 알아냈습니다. 그리고 이것이 탄저병을 일으킨다고 강하게 의심했죠. 그러나 특정 세균의 존재는 그 병으로 인한 결과일 수도 있으므로 섣부르게 단정할 수는 없었어요. 확증을 위해 그는 단계적으로 실험을 했습니다.

코흐는 우선 탄저병에 걸려 죽은 동물의 피를 뽑아서 건강한 실험동물에 주사했어요. 당연히 그 동물은 탄저병으로 죽었죠. 그는 죽은 동물의 피에서 문제의 막대균을 분리해 키우는 데 성공했습니다. 그다음 배양한 세균을 다시 건강한 실험동물에 주입했어요. 그 동물 역시 탄저병으로 죽었고, 죽은 동물의 피에서 주입한 것과 같은 막대균이 검출되었습니다.

이렇게 미생물과 질병 사이의 관계가 확립되자, 사람들은 감염된 동물이나 인체에는 해를 주지 않고 병원성 미생물을 파괴하는 방법을 찾아내려고 갖은 애를 썼습니다. 당시 과학자들에게 미생물은 생명체이기 이전에 병원체로 다가왔을 겁니다. 미생물은 동식물처럼 인간과 함께할 수 있는 존재가 아니라 인간의 목숨을 호시탐탐 노리는 악마 같은 존재이자 박멸 대상이었죠. 사실 미생물학은 미생물과의 전쟁을 통해서 발전해 온 학문이에요. 그리고 이 싸움은 지금도 진행 중입니다. 안타깝지만 인류가 존재하는 한 앞으로도 계속될 수밖에 없을 거예요.

미생물과의 전쟁 초기에 사람들은 아주 자신만만했습니다. 페니실린의 뒤를 이어 수많은 항생 물질이 줄지어 발견되면서, 곧 병원성 미생물과의 전쟁에서 완승할 거라는 기대감에 한껏 부풀었죠. 하지만 유감스럽게도 그 바람은 이루어지지 않았습니다. 미생물은 그렇게 만만한 상대가 아니니까요. 불의의 일격을 받고 한 발 물러섰던 미생물은 이내 전열을 정비하여 반격에 나섰습니다. 항생제 내성이라는 엄청난 무기로 무장하고 나타난 거죠.

이제 인류는 미생물의 반격에 응수할 무기가 점점 소진되고 있습니다. 미생물이 내성을 획득하는 속도가 사람이 새로운 항생제를 개발하는 속도보다 훨씬 빠르기 때문이죠. 급기야 현재 사용할 수 있는 모든 항생제에 내성을 가진 슈퍼박테리아까지 등장하는 지경에 이르렀습니다. 앞으로 시름은 점점 더 깊어지고 머리는 복잡해지겠죠. 오죽했으면 미생물인 제게 미생물과 싸우는 법을 물으셨을지 안타깝습니다. 하지만 잊지 말아야 할 것은 모든 미생물이 곧 병원균은 아니라는 점입니다. 또 병원성 미생물에 맞서는 인간의 전략과 자세를 획기적으로 바꾸어야 한다는 사실은 분명합니다.

뭔가 새롭고 대단한 걸 기대하는 눈치인데, 사실은 아주 간단합니다. 기본에 충실하기! 이런, 실망했나요? 진정하고 우선 제 말을 끝까지 잘 들어 보세요.

"1온스의 예방은 1파운드의 치료와 같은 가치가 있다."

벤저민 프랭클린(Benjamin Franklin)은 일찍이 이런 통찰력 있는 격언을 남겼습니다. 프랭클린이 화재 예방의 중요성을 강조하고자 썼던 이 말은 오늘날 병원성 미생물과의 싸움에도 그대로 적용할 수 있습니다. 적은 노

© Wikimedia Commons

예방의 중요성을 강조한 벤저민 프랭클린

력으로 미리 예방하는 것이 감염된 뒤에 치료하는 것보다 훨씬 더 쉽고 효과적이기 때문이죠.

인체 감염병의 가장 주요한 감염원은 바로 인체 그 자체라는 사실을 기억하세요. 마스크 착용과 손 씻기를 비롯한 개인위생 관리가 감염병 예방에 제일 중요합니다. 그다음으로는 물과 음식물, 공기와 같은 매체가 병원체 전파의 주요 경로예요. 일상생활에서 조금만 주의를 기울이면 이런 매체를 통한 전염은 대부분 예방 가능합니다. 예를 들어, 육류를 제대로 익혀 먹고, 음식물이 상하지 않도록 보관만 잘해도 식중독균은 발붙이기 어려울 겁니다.

해충 또한 감염병 확산을 부추깁니다. 이들은 보통 두 가지 방법으로 병을 옮기는데, 파리와 모기를 생각하면 이해하기 쉽습니다. 파리는 발에 병원체를 묻히고 여기저기 옮겨 다니죠. 모기는 사람과 동물의 피를 빨며 병원체를 옮기고요. 그러니 해충 퇴치도 게을리하면 안 됩니다.

어떤 식으로든 인체에 침입한 병원체는 증식하고, 그 과정에서 여러분에게 피해를 줍니다. 이때 피해 정도는 개인 면역 수준에 따라 차이가 납니다. 면역은 유전적 요소가 크지만, 영양 상태와 스트레스, 날씨 같은 환경 요인도 무시할 수 없어요. 한국처럼 사계절이 있는 지역에서 겨울에 감기나 독감 발병이 늘어나는 주된 이유는 따뜻한 실내에 여러 사람이 모여 오래 머물기 때문이거든

병원체를 옮겨 감염병 확산을 부추기는 해충

요. 이런 상황이 병원체에게는 다양한 먹잇감이 즐비한 뷔페가 되는 셈이죠.

병원체가 일단 숙주의 방어를 무너뜨리면, 급성이든 만성이든 감염병은 '잠복기 → 전구기 → 발병기 → 호전기 → 회복기' 순서로 진전됩니다. 감염이 진행되면 환자는 보통 발열과 통증 같은 신체 변화를 느껴요. 이때 열이나 부기처럼 타인이 관찰하고 측정할 수 있는 객관적 변화는 징후, 통증이나 거북함처럼 겉으로 뚜

렷이 드러나기보다는 환자가 주관적으로 표현하는 변화는 증상이라고 합니다.

잠복기는 최초 감염에서부터 처음 징후나 증상이 나타날 때까지 걸리는 시간을 말합니다. 그 뒤에 이어지는 전구기는 전체적으로 불편한 신체 변화가 가볍게 나타나는 시기로 비교적 기간이 짧아요. 징후와 증상이 확연히 드러나는 발병기는 병이 가장 심한 상태입니다. 적절한 치료와 환자의 면역 반응으로 병원체를 몰아내고 이 시기를 극복하면 호전기와 회복기로 접어들지만, 그렇지 못하면 위급 상황으로 악화됩니다.

감염병의 징후나 증상이 있는 사람은 물론이고 잠복기와 회복기 환자도 감염원이 될 수 있습니다. 이렇게 겉으로 드러나지 않고 병원체를 전파하는 사람을 보균자라고 해요. 이들은 감염병 시대에 특히 신경 써야 할 감염원입니다. 코로나19 팬데믹에서 이미 체험했듯이 무증상 전염이 감염병 방역에 큰 걸림돌이 되니까요.

예방접종은 해당 감염병에 대해서 일정 기간 또는 평생 동안 면역을 돕습니다. 병원체의 보균자가 되지 않도록 만들어서 전염을 막는 장벽 역할을 하죠. 따라서 집단 내에 면역을 획득한 사람이 많을수록 보균자와 접촉할 가능성이 줄어듭니다. 면역이 없는 사람들이 보호받을 수 있죠. 이렇게 한 지역 안에서 면역이 있는 사람이 많아 감염병의 전파를 효과적으로 억제할 수 있을 때, 이를 집단면역이 생겼다고 합니다.

코로나19 사태로 생활 속 거리 두기와 마스크 쓰기 등이 새로운 에티켓(Etiquette)이 되었습니다. 에티켓이란 경우와 장소에 따라 취해야 할 바람직한 몸가짐을 말해요. 무소불위의 권력을 휘둘렀던 프랑스의 태양왕 루이 14세는 귀족을 길들이고 자신의 권위를 과시하기 위해 여러 가지 궁중 예법을 만들어 이를 에티켓이라 했다고 합니다. 즉, 에티켓은 서슬 퍼런 절대군주에게 자칫 잘못 찍히지 않으려면 지켜야 했던 궁중 생활 규범이었던 셈이죠. 앞으로 계속해서 닥쳐올 감염병에 맞서야 하는 인류도 옛 프랑스 귀족과 비슷한 처지에 놓인 것으로 보입니다. 거리 두기와 마스크 쓰기 등 새롭게 떠오르는 에티켓이 단순히 개인 수준의 규범을 뛰어넘어 전 세계적 공조 전략이자 시스템으로 정착되어야 하지 않을까요? 우선 치료제 및 백신 개발을 위한 긴밀하고 지속적인 글로벌 공동 연구 체계를 운영하고, 신속 정확한 감염병 감시 체계를 구축하는 것이 필요합니다. 동시에 개인위생을 빈틈없이 하기 바랍니다. 모름지기 싸우지 않고 이기는 것이 최상이니까요!

미생물의 개인정보를 공개합니다!

- 이름 : 탄저균(학명 : *Bacillus anthracis*)
- 소속 : 세균
- 나이 및 발견 시기 : 1876년
- 발견자 : 독일 의사 로베르트 코흐(Robert Koch)
- 인상착의 : 3~10×1~1.5μm 크기의 막대 모양
- 주소 및 서식지 : 주로 토양
- 특징 : 환경 조건이 나빠지면 생존력이 매우 강한 내생포자를 형성한다.
- 사람과의 관계 : 탄저병 유발 병원균. 내생포자의 질긴 생명력을 악의적으로 이용하여 생물 무기로 개발하기도 한다. 2001년 9·11 테러 직후 미국 정부 주요 인사들에게 우편으로 배달되었던 백색 가루의 정체가 바로 탄저균의 내생포자이다.

164

적이 아닌 친구로
지낼 수 있을까요?

당연히 그럴 수 있죠. 관건은 미생물과 인간이 서로를 대하는 자세일 것입니다. 철학자 바뤼흐 스피노자(Baruch Spinoza)는 네덜란드 출신 유대인으로 총명하고 신앙심이 깊은 엘리트였지만, 유대교 신을 인정하지 않는다는 이유로 파문당했습니다. 갖은 비난을 견디며 힘겹게 살면서 사색과 성찰에 몰두한 그는 어떤 것들이 서로 어떻게 만나느냐에 따라 그 관계가 서로에게 이익이 될 수도, 정반대로 해악이 될 수도 있음을 깨달았습니다. 예를 들어, 즐거운 음악은 기쁜 이에게는 좋고, 장례식장에서는 나쁘며, 청각장애인에게는 좋지도 나쁘지도 않다고 했죠. 좋고 나쁨은 그 자체에 있는 게 아니라 어떤 상대를 만나느냐 하는 '관계'에 따라 달라진다는 뜻입니다. 수술용 칼이 의사의 손에서 환자와 만나면 생명을 구하지만, 강도의 손에 들리면 생명을 해치는 것처럼요. 즉, 같은 칼이라도 의사 손에서는 환자와 결합 관계를, 강도 손에서는 희생자와 해체 관계를 맺습니다. 미생물도 마찬가지입니다. 미생물의 좋고 나쁨 역시 누구를 어떻게 만나느냐에 따라 달라집니다. 사람들에게 독이 되기도 하고 약이 되기도 했던 클로스트리듐 보툴리눔을 떠올리면 더 쉽게 이해할 수 있을 거예요.

여러분이 일상에서 흔히 접하는 아세트산균의 사례를 통해 미생물과 인간이 친구로 관계를 이루는 방법을 함께 고민해 보면 좋을 것 같습니다. 1857년에 포도주 발효의 주인공이 효모라는 사실이 세상에 알려진 것을 기점으로 파스퇴르는 미생물 연구에 매진했습니다. 지금도 그렇지만 포도주 양조는 당시 프랑스의 주요 농산업 가운데 하나였어요. 그런데 골치 아픈 문제가 하나 있었습니다. 포도주를 보관하다 보면 자꾸 시큼해지는 거예요. 좀 오래 두고 팔기도 하고 즐기고 싶은데 말이죠. 여기저기서 포도주 변질과 관련된 문제가 터져 나왔습니다.

파스퇴르는 현미경으로 온전한 포도주와 변질된 포도주를 번갈아 관찰했습니다. 그리고 중요한 사실 하나를 발견했죠. 효모의 동그란 입자로 가득한 정상적인 포도주와 달리 변질된 포도주에는 막대 모양 입자가 많이 섞여 있는 거예요. 1864년 마침내 문제의 입자가 아세트산균임이 밝혀졌습니다. 이어서 파스퇴르는 포도주에서 그 나쁜 세균을 없애는 방법을 알아냈어요. 대략 30분 정도 섭씨 60도를 유지하도록 열처리하는 거예요. 이를 파스퇴르 살균법(Pasteurization) 또는 저온살균법이라고 합니다. 부패균이나 유해균을 제거하기 위해 여러 식품산업계에서 지금도 널리 사용하고 있죠. 온도를 두 배 이상(130~150℃) 올리고 시간을 대폭 줄이는(5초 이하) 초고온 순간살균법을 동원하기도 하는데, 결국 그 원리는 160여 년 전에 파스퇴르가 개발한 것입니다.

그런데 아세트산균은 정말로 유해균일까요? 아세트산균은 자연환경 여기저기에서 산소로 숨 쉬고 살다가 알코올을 먹으면 아세트산을 내놓을 뿐입니다. 우연히 포도주에 빠져서 처한 환경에 맞추어 자기 방식대로 산 게 다예요. 백번 양보해서 포도주에 무단 침입한 것은 인정합니다. 하지만 유해균이라는 낙인만큼은 떼주어야겠습니다.

각종 음식에 새콤함을 더해 입맛을 돋우는 식초의 신맛이 바로 아세트산이라는 사실은 알고 있나요? 그래서 아세트산을 초산이라고도 부릅니다. 아세트산은 보통 식초에 3~5퍼센트 정도 들어 있어요. 아세트산균이 이 아세트산을 만듭니다. 이래도 이들이 유해균인가요? 분명 아닙니다.

말이 나온 김에 아세트산균 가문을 좀 더 소개할게요. 파스퇴르가 아세트산균을 데뷔시킨 지 30년 뒤인 1894년부터 아세트산균 무리를 제대로 분류하려는 연구가 시작되었요. 그리고 1898년 아세토박터(Acetobacter)라는 첫 속명이 부여되었습니다. 1934년에는 두 번째 속으로 글루코노박터(Gluconobacter)가 지정되었습니다. 이 두 개의 속이 아세트산균 가문을 대표하죠.

아세트산균은 반드시 산소가 있어야만 살 수 있습니다. 여러분처럼 말이에요. 대개 막대 모양인데, 섭씨 25~30도에서 제일 잘 자랍니다. 자기들이 산을 만드니까 산성 조건을 좋아하는 건 말할 것도 없고요. 이런 특성을 잘 이해하고 사람들이 아세트산균을 이용해 다양한 물질을 만들어 쓴 걸 보면 흐뭇합니다.

아세트산은 항균 효과가 있어요. 그래서 식초는 고대 문명 시절(최소 1만 년 전)부터 상처를 치료하는 약으로 사용되었습니다. 그만큼 사람 곁에서 오랫동안 함께해 왔다는 말이죠. 오늘날 식초는 주방과 식탁에서 빠질 수 없는 맛 도우미일 뿐만 아니라, 기능성 식품으로도 널리 애용되고 있습니다. 항균 효과에 더해 항산화와

아세트산균을 이용해 만드는 식초

혈압을 낮추는 효과 등이 있다더군요.

현재 시판되는 식초는 대부분 공장에서 대규모 발효를 통해 생산합니다. 두 단계로 이루어지는 식초 발효 공정은 효모와 아세트산균이 각각 담당하죠. 무산소 조건에서 효모를 이용하여 당분을 알코올로 먼저 바꾼 다음, 그 알코올을 유산소 환경에 있는 아세트산균에 넘겨주는 거예요. 기본적으로는 파스퇴르가 포도주에서 발견했던 것과 똑같은 과정입니다. 다만 두 반응을 분리해서 일어나게 함으로써 아세트산균을 유해균에서 유익균으로 탈바꿈시킨 거예요.

식초 발효를 통해서 중요한 과학 지식도 배울 수 있습니다. 아마도 많은 이들이 술이나 산성 유제품을 생산하는 어떤 과정이나 미생물에 의한 식품의 변성을 발효라고 생각할 거예요. 식초 생산 과정에서는 유산소 또는 무산소 상태에서 일어나는 대규모 미생물 공정을 발효라고 할 수도 있겠고요. 모두 틀린 말은 아니지만, 그렇다고 완전히 들어맞는 설명도 아니네요.

좀 더 과학적으로 발효를 정의하면, 무산소 조건에서만 일어나는 에너지 생산 과정입니다. 그럼 무산소 호흡과 발효가 같은 것 아니냐고요? 정곡을 찌르셨네요. 무산소 호흡은 산소 대신 다른 물질을 사용했을 뿐 영양분에 있는 모든 탄소가 이산화탄소로 산화되는 완전 연소입니다. 반면에 발효는 타다 남은(덜 산화된) 최종 산물을 배설물로 내놓는 불완전 연소예요. 생물학적으로 해당 생명체에게 불완전 연소는 에너지 손실을 의미합니다. 하지만 큰 틀에서 보면 발효는 손실이 아니에요. 다양한 생물이 어우러져 풍요로운 생태계를 이루는 주춧돌 가운데 하나입니다. 지구의 삶은 미생물과 배설물로 연결되어 돌아간다고 했잖아요.

아세트산균은 식초 외에도 사람에게 유용한 다양한 물질을 만듭니다. 그 가운데 하나가 주요 탄수화물의 일종인 섬유소입니다. 탄수화물은 탄소, 수소, 산소가 거의 1:2:1 비율로 이루어진 화합물인데, 대부분은 단당류가 여러 개 연결된 긴 사슬 형태의 다당류입니다. 포도당 같은 단당류는 세포에 에너지와 탄소를 공급하는 역할을 해요. 그리고 식물은 크게 두 가지 다당류를 만듭니다. 각종 곡물의 주성분인 녹말(전분)과 세포벽의 주성분인 섬유소랍니다. 흥미로운 점은 대다수의 동물이 녹말을 섭취하여 주요 에너지원으로 이용하지만, 누구도 섬유소를 소화할 수 없다는 사실입니다.

보통 섬유소는 식물이 만드는 것으로 알려져 있어요. 그런데 아세트산균도 섬유소를 만듭니다. 세균이 섬유소를 만드는 게 좀 뜬금없어 보일 수 있지만, 그만한 이유가 있답니다. 호기성 세균도 물에서 살게 될 때가 있는데, 이때 섬유소를 만들면 물에 떠서 산소로 숨쉬기가 편해집니다. 또한, 섬유소는 자외선 차단과 건조 방지 효과가 있어서 세포를 보호하고 세균이 먹는 음식이 마르지 않게 해 주기도 하죠. 이런 사실이 알려지면서 최근 세균 섬유소에 큰 관심이 쏠리고 있습니다.

　세균 섬유소는 가히 명품 섬유소라 부를 만합니다. 우선 리그닌(Lignin)을 비롯한 이물질이 섞여 있는 식물 섬유소와는 달리 세균 섬유소는 순수합니다. 게다가 수분 흡수 및 유지 능력이 뛰어나고, 인장강도(잡아당기는 힘을 견딜 수 있는 능력)와 탄력도 좋죠. 뿐만 아니라 생체 적합성(생체에 투여·적용했을 때 문제를 일으키지 않는 성질)까지 탁월해서 심장판막 보형물과 인조혈관 제조에 요긴한 소재로 주목받고 있습니다.

　자, 보세요. 처음 발견했을 땐 잘 몰라서 유해균으로 여겼지만, 제대로 알고 보니 만나면 좋은 친구 아닌가요? 미생물은 여러분 하기 나름입니다!

- 이름 : 코마가테이박터 자일리누스(학명 : *Komagataeibacter xylinus*)
- 소속 : 세균
- 나이 및 발견 시기 : 1886년 탄수화물이 풍부한 배지에서 얇은 막을 만 드는 미생물로 최초 분리했다.
- 인상착의 : 0.5~0.8×1.0~3.0μm 크기의 막대 모양
- 주소 및 서식지 : 주로 토양에서 발견되며, 사탕수수나 커피 같은 식물과 공생하기도 한다.
- 사람과의 관계 : 섬유소를 생산한다. 효모와 함께 설탕이 든 녹차나 홍차 를 발효하여 콤부차를 생산한다.
- 이름의 변천사 : 발견 당시 막 성분이 솜과 비슷하여 솜을 뜻하는 라틴 어 'Xylinum'에서 이름을 따 박테리움 자일리눔(*Bacterium xylinum*) 으로 명명, 1925년에 아세토박터 자일리눔(*Acetobacter xylinum*) 으로 개칭했다. 이후 라틴어 문법에 따라 종명이 '자일리눔'에서 '자 일리누스(*Xylinus*)'로 변경되었다가 글루콘아세토박터 자일리누스 (*Gluconacetobacter xylinus*)로 재분류를 거쳐 현재 공식적으로 코마 가테이박터 자일리누스(*Komagataeibacter xylinus*)로 불린다. 하지만 여전히 여러 이름이 혼용되고 있다.

공생으로 시너지 효과를 얻을 수 있나요?

시너지 효과란 쉽게 말해 '1 더하기 1'이 2 이상의 효과를 내는 것을 의미합니다. 공생을 통해 이런 상승 효과를 얻을 수 있냐고요? 이미 지구에 사는 모든 삶 자체가 공생이 낳은 시너지 효과를 증명합니다. 앞서 함께 나눈 이야기 여기저기에 생생한 증거가 담겨 있죠. 어렵게 생각할 것 없이 여러분 몸을 보세요. 인간 세포는 까마득한 옛날에 벌어진 미생물 공생의 산물이고, 인체 역시 휴먼 마이크로바이옴이라 일컬어지는 수많은 미생물과 인간 세포가 어우러진 공생체잖아요. 아! 그리고 보니 소와 같은 반추동물이 공생의 시너지 효과를 아주 잘 보여 주네요.

반추(反芻)라는 말은 '돌이킬 반'에 '꼴 추'를 사용합니다. 한번 삼킨 풀(먹이)을 다시 게워 내어 씹는 되새김을 뜻하죠. 그래서 어떤 일을 되풀이하여 음미하거나 생각한다는 의미도 있습니다.

원래 소는 풀만 먹고 살아요. 아까 이 세상에 섬유소를 소화할 수 있는 동물은 없다고 이야기했는데, 풀의 주성분은 섬유소예요. 좀 이상하지 않나요? 풀을 아무리 먹어 봤자 소화를 못 시키는데 소는 어떻게 살 수 있을까요? 그건 바로 우리 미생물 친구들이 힘을 합쳐 소를 키우기 때문입니다. 말 그대로 미생물이 소를 먹여 살려요. 반추동물의 위(반추위)에 사는 다양한 미생물이 섬유소를 대신 분해해 줍니다. 물론 자원봉사는 아니고 일한 대가로 거기서 숙식을 해결하죠.

소 같은 반추동물은 보통 위가 네 개입니다. 순서대로 혹위, 벌집위, 겹주름위, 주름위라고 불러요. 혹위는 먹은 풀을 우선 모아 두는 공간입니다. 그래서 크기가 아주 크죠. 황소의 혹위는 200리터에 달해요. 소는 혹위에 들어 있는 내용물을 게워 내서 수십 번 씹은 후 다시 삼킵니다. 이렇게 되새김한 풀은 벌집위로 들어가 뭉쳐집니다. 이것을 또다시 되새김질하여 겹주름위를 거쳐 주름위로 보내 소화합니다. 엄밀히 말하면 마지막 위인 주름위가 진짜 위장이고, 앞의 세 개는 식도의 변형이라고 볼 수 있어요.

소는 온종일 40~50분 간격으로 되새김질을 반복합니다. 그러

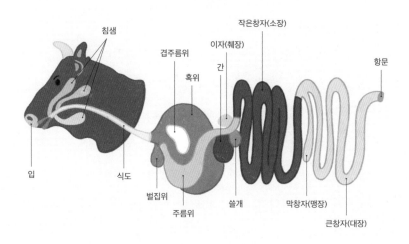

침샘

겹주름위

혹위

작은창자(소장)

이자(췌장)

간

항문

입

식도

벌집위

주름위

쓸개

막창자(맹장)

큰창자(대장)

네 개의 위를 가진 반추동물의 소화 과정

면 혹위 속에 있는 많은 미생물, 특히 세균들이 섬유소를 분해합니다. 소는 세균이 섬유소를 먹고 내놓은 배설물을 흡수하여 영양분으로 사용하는 거예요. 그리고 반추위에는 원생동물이라는 또다른 부류의 미생물이 살고 있습니다. 원생동물은 가장 원시적인 단세포 동물을 총칭해요. 아메바와 짚신벌레 따위가 여기에 속합니다. 반추위 속 원생동물은 주로 세균을 잡아먹고 살아요. 덕분에 반추위에 사는 세균 수를 적정 수준으로 유지할 수 있죠. 뿐만 아니라 원생동물은 주름위에서 소화되어 소에게 중요한 단백질 공급원이 됩니다. 이처럼 보이지 않는 것들의 공생이 소를 먹여 살리고, 나아가 여러분에게 소고기와 각종 유제품을 선사하는 시너지 효과를 냅니다.

식물 뿌리에서도 반추위에서와 비슷한 시너지 효과를 쉽게 볼 수 있습니다. 사실 뿌리는 식물의 창자인 셈입니다. 필요한 영양소를 대부분 뿌리를 통해서 흡수하니까요. 이런 맥락에서 균뿌리는 반추위 미생물과 같은 역할을 합니다. 울창한 숲은 식물 뿌리와 균뿌리 그리고 뿌리 주변 각종 미생물이 어울려 사는 삶의 산물이나 마찬가지입니다. 결국 식물과 반추동물 모두 미생물을 자신의 일부분으로 받아들여 살아가는 셈이에요.

여러분은 매일 밥상에서도 미생물 공생의 시너지 효과를 누립니다. 한국의 대표 음식 김치가 그 주인공이죠. 김치는 맛은 물론이고 여러 가지 건강 증진 효과까지 지닌 매우 우수한 발효 식품이에요. 특히 김치를 담글 때 별도의 씨균(종균)을 사용하지도 않을 뿐만 아니라 오래 두고 먹어도 식중독 같은 감염병 걱정도 없죠. 오히려 갈수록 깊은 맛을 내는 웰빙 식품입니다.

김치를 담그는 과정은 조화로운 미생물의 공생 환경을 조성하는 것과 같아요. 먼저 깨끗이 손질한 배추에 소금을 뿌려 절입니다. 이렇게 잠시 놔두면 배추가 숨이 죽는다고 하죠. 이는 소금기로 인해 배추 세포 안에 있는 물이 빠져나온 결과입니다. 배추 세포만 그런 게 아니라, 살모넬라균 등의 유해균을 포함한 많은 미생물 세포도 마찬가지입니다. 말 그대로 숨이 죽어요. 사망입니다. 그런데 이런 환경을 좋아하는 미생물도 많습니다. 김치를 맛있게 익히는 김치 젖산균(유산균)도 그중 하나예요. 또한, 김치 젖산균의 발효 산물인 젖산이 쓸데없는 잡균의 생장을 막습니다. 이러한 환경에서 형성되는 미생물 생태계는 김치가 익어 감에 따라 조화롭게 끊임없이 변하면서 맛과 건강을 선물하죠.

미생물과 동물, 미생물과 식물, 미생물과 미생물 사이의 공생이 정말 대단하지 않나요? 하지만 공생에 의한 시너지 효과의 최고봉은 인간을 비롯한 소위 고등동물이라고 생각합니다. 생명체 또는 유기체로 번역되는 'Organism'은 그 어원을 짚어 보면, 기관(Organ)들의 집합체라는 뜻입니다. 호흡기와 소화기 같은 기관은 조직이 모인 것이고, 조직은 또다시 생명 현상이 일어나는 최소 단위인 세포로 나눌 수 있습니다. 지구상 최초의 생명체인 루카는 단세포 미생물이었고, 여전히 미생물 대부분은 단세포로 살아갑니다.

여러분에게는 다세포 생물이 당연히 좋아 보이겠지만, 저는 혼자서 수십억 년을 잘 살아 오던 단세포 생물이 왜 한 덩어리로 뭉치기 시작했는지 의아할 따름입니다. 그래도 분명히 무언가 유리한 점이 있으니 하나로 모였겠죠? 무엇보다도 커진 몸집 덕분에 포식자나 경쟁자와 맞서기가 더 수월해졌을 거예요. 생존과 번식

이 그만큼 유리해졌다는 뜻입니다. 사람도 마찬가지입니다. 혼자서는 할 수 없는 일을 협업을 통해 거뜬히 해낼 수 있잖아요. 하지만 이를 위해서는 크게 두 가지 조건이 전제되어야 합니다.

구성원 사이에 긴밀한 소통이 이루어져야 하고, 정해진 규칙을 준수해야 합니다. 각 구성원의 활동은 궁극적으로 전체의 이익을 위한 것입니다. 그 과정에서 불편함과 약간의 손해를 감수하기도 하죠. 구성원들이 혼자만 잘 살겠다고 제멋대로 움직인다면 그 조직은 곧 무너지고 말지도 모릅니다. 이러한 특징은 다세포 생물이 태생적으로 지니는 운명 같아요. 유전자를 비교 분석한 연구 결과도 이런 생각에 힘을 실어 줍니다.

고철을 녹여 재활용하듯 세포 안에서도 망가지거나 다 쓴 단백질을 분해하여 다시 씁니다. 유비퀴틴(Ubiquitin)이라는 작은 단백질(76개의 아미노산으로 구성)이 결합하면, 그 단백질은 프로테아솜(Proteasome)이라고 부르는 분해 공장으로 갑니다. 이런 재활용 경

로는 건강 유지에 매우 중요합니다. 재활용품을 집에 쌓아 둔다고 생각해 보세요. 마찬가지로 세포 안에 쓸모없는 단백질이 가득하다면 정작 필요한 활동을 하는 데 방해가 되지 않겠어요?

이 세포 내 재활용 업체는 또 다른 중요한 기능이 있습니다. 현존하는 가장 단순한 다세포 생물은 녹조류의 일종인 테트라배나 소셜리스(*Tetrabaena socialis*)입니다. 달랑 네 개의 세포가 하나의 개체를 이루고 있죠. 그래도 엄연한 다세포 생물로서 단세포 생물과는 차원이 다른 삶을 살아갑니다. 홀로 사는 단세포라면 가능한 한 많이 분열하여 증식하는 게 도움이 되겠지만, 다세포 생물로 살아가려면 정해진 어느 선에서 세포 분열을 멈출 수 있어야만 해요. 이런 조절에 '유비퀴틴-프로테아솜' 단백질 분해 경로가 핵심 역할을 합니다. 만약 이런 통제를 따르지 않는 세포가 있다면 어떻게 될까요? 그런 세포가 바로 암세포로 변하는 겁니다.

사실 단세포든 다세포든 모든 진핵생물은 과거에는 따로였지만 현재는 같이 살아가야만 하는 것들의 공동체입니다. 진핵세포 자체가 과거의 개체들이 공생을 통해 이룬 공동체니까요. 다세포 생명체도 마찬가지로 이해할 수 있죠. 오랫동안 이어져 온 진화의 시간을 고려하면 개체는 고정된 실체가 아니라 개체화 과정의 임시 산물이라고 말할 수 있습니다. 개체화란 서로 다른 것들이 만나 공생적(공동체적) 개체를 이루는 일입니다. 공생의 시너지 효과인 셈이죠. 그렇다면 공생은 개체들의 오래된 미래라고 할 수 있지 않을까요? 지금의 우리를 만들어 준 머나먼 과거이자, 끊임없이 새로운 결합 관계를 이루어 나가야 하는 우리의 미래인 거예요.

유비퀴틴에 의한
단백질 분해의 발견

2004년 노벨화학상은 생명체의 소멸 시스템을 발견한 화학자들에게 주어졌습니다. 바로 '유비퀴틴에 의한 단백질 분해의 발견'이었죠.

인체의 세포는 약 10만 개의 단백질로 되어 있고, 단백질 분자는 보통 빠르게 생성하고 소멸합니다. 단백질 합성은 이미 구체적으로 그 원리가 밝혀졌지만, 그동안 세포 내 단백질의 소멸에 대해서는 연구하는 사람이 그리 많지 않았어요. 노벨상 수상자인 아론 시에차노버, 아브람 헤르슈코, 어윈 로즈 교수는 에너지가 필요한 세포 내의 단백질 소멸 메커니즘을 연구함으로써 새로운 원리를 찾아냈습니다. 효소 시스템에서 세 개의 다른 효소가 유비퀴틴이라고 부르는 일종의 '죽음의 딱지'를 소멸될 단백질에 붙인다는 것을 알아냈죠. 세포 내에서 에너지는 이 딱지를 활성화시키는 데 소요되며, 이를 통해 세포가 단백질의 소멸을 정확히 통제할 수 있게 만들어 줍니다. 딱지가 붙은 단백질은 프로테아솜으로 이동된 뒤 잘게 쪼개져 종말을 맞습니다. 이때 쪼개진 조각들은 이다음 새로운 단백질을 생성할 때 다시 사용됩니다.

이후 과학자들은 이렇게 단백질이 소멸하면서 세포 내의 중요한 다른 과정들 역시 조절된다는 것을 알게 되었습니다. 예를 들면 세포 주기, DNA 손상 치료, 면역 반응 등이죠. 단백질의 소멸 과정을 발견함으로써 세포 활동에서 핵심적인 통제 시스템을 자세히 이해할 수 있게 된 거예요. 무엇보다도 이 같은 발견은 수많은 질병의 치료약을 개발하는 데 활용되고 있습니다. 뿐만 아니라 더 많은 인체의 화학 반응이 유비퀴틴을 통한 단백질 소멸에 의해 제어된다는 것이 밝혀지고 있죠.

미생물,
미래를 열어 주세요!

사실 우리 미생물은 이미 사람들에게 미래를 열어 주었습니다. 그것도 40여 년 전에 말이죠. 1978년 인간 인슐린 유전자를 몸(세포)에 품은 대장균을 이용해 사람에게 적용 가능한 인슐린을 만드는 데 최초로 성공했습니다. 이른바 유전공학 기술의 실용화를 알리는 기념비적인 쾌거였죠. 그로부터 4년 뒤, 1982년에 FDA가 대장균이 만든 인간 인슐린을 승인하면서 바야흐로 바이오 시대로 가는 길이 활짝 열렸습니다.

제1세대 유전공학 기술의 개발은 1970년에 세균 바이러스, 즉 박테리오파지(파지)에 감염된 세균이 침입자 DNA를 토막토막 잘라 버리는 현상을 발견하면서 시작되었습니다. 파지는 숙주로 삼는 세균의 세포벽에 붙은 뒤 수축하면서 마치 주사를 놓듯 자기 DNA를 세균 세포 속으로 주입합니다. 하지만 세균도 호락호락하지는 않죠. 세균은 흡사 우리의 면역세포처럼 침입한 바이러스 DNA를 파괴하는 효소를 보유하고 있어요. 이런 효소들은 자기와 남의 DNA를 구별할 수 있는 능력이 있어서 자신의 것이 아니면 DNA의 특정 부위(염기서열)를 인식하여 끊습니다. 아무 데나 자르는 것이 아니라 정해진 곳을 골라서 절단하기 때문에 제한효소라고 부릅니다. 흡사 백혈구 같은 면역세포를 보는 것 같지 않나요?

흥미롭게도 세균은 서로 다른 DNA 조각을 이어 주는 효소도 가지고 있습니다. 제한효소에 앞서 1960년대에 발견된 리가아제(Ligase)입니다. 연결효소와 제한효소는 각각 '유전자 풀'과 '유전자 가위'라고 볼 수 있습니다. 즉, 사람들은 마치 종이로 만들기를 하듯 DNA를 다룰 수 있는 가위와 풀을 손에 넣은 거예요. 이를 이용해 1978년에 인간 인슐린 유전자를 잘라 대장균에 집어넣음으로써 인슐린을 생산하는 데에 성공했습니다.

보통 생명공학이라고 말하는 바이오테크놀로지(Biotechbology)는 생명 현상에 대한 이해를 바탕으로 생명체의 기능을 개선하거나 특정 목적에 맞게 개발하는 생물학의 한 분야입니다. 생명체 자체 또는 효소를 비롯한 생물 유래 물질을 사용하여 제품을 생산

유전자 가위를 이용해 대장균에 인간의 인슐린 유전자를 집어넣어 만드는 인슐린

하는 기술이죠. 유전공학을 장착한 바이오테크놀로지는 1990년대를 거치며 본격적으로 산업에 적용되었습니다.

21세기 유전공학은 날개를 달았습니다. 바로 '크리스퍼(CRISPR, Clustered Regularly Interspaced Short Palindromic Repeats)'라고 하는 신형 유전자 가위를 추가로 얻게 된 거예요. 크리스퍼는 '일정한 간격을 두고 분포하는 짧은 회문의 반복'이라는 뜻입니다. 회문이란 '다들 잠들다' '다시 합창합시다'처럼 앞으로 읽으나 뒤로 읽으나 같은 문장을 말해요.

크리스퍼 유전자의 존재는 1987년에 처음으로 알려졌습니다. 당시 세균의 DNA 염기서열을 연구하던 일본 연구진이 독특한 회문 구조를 발견했는데, 그 기능에 대해서는 전혀 알 수가 없었어요. 이후 여러 세균의 DNA 염기서열을 낱낱이 읽어 내면서 많은 세균에 크리스퍼 유전자가 있음을 알게 되었죠. 그리고 1994년 크리스퍼 유전자에는 파지 DNA의 염기서열이 섞여 있음을 발견했습니다. 그러나 그 기능은 여전히 오리무중이었고, 반복적으로 DNA 회문 구조를 만드는 염기서열이 나타난다는 사실을 반영하여 '크리스퍼'라는 이름만 지었습니다.

2007년 덴마크의 한 요구르트 회사 연구진은 특이한 현상 하나에 주목합니다. 보통 요구르트를 만드는 젖산균은 파지 감염에 취약한 것으로 알려져 있는데, 일부 젖산균이 흡사 파지에 내성을 가진 것처럼 보인 거예요. 호기심이 발동한 연구진이 이 젖산균의 DNA를 분석했더니 모두 크리스퍼 유전자가 활성화되어 있었습니다. 게다가 이 크리스퍼 유전자에는 해당 젖산균을 공격하는 파지 DNA의 염기서열이 배치되어 있었어요.

그리고 2012년 두 명의 여성 과학자가 크리스퍼의 작동 원리를 규명해 내는 데 성공했습니다. 제니퍼 다우드나와 에마뉘엘 샤르팡티에가 그 주인공이죠.

세균은 침입한 파지 DNA를 조각내어 그 일부를 크리스퍼 유전자 사이에 보관합니다. 만약 같은 파지가 다시 들어오면 크리스퍼 유전자에 끼워 둔 파지 DNA를 그대로 읽어 RNA를 만들어 내죠.

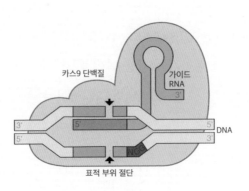

크리스퍼 유전자 가위의 작동 원리

이 RNA는 재침입한 파지 DNA와 일치하는 염기서열 부분에 결합하는데, 이때 파지 DNA를 자를 수 있는 유전자 가위 단백질인 카스9(Cas9)과 함께 붙어요. 범인의 특정 인상착의에 대한 정보를 찾기 쉽게 표시해서 보관해 두었다가, 다시 침입하면 이 정보를 보고 경찰이 출동하는 것과 유사합니다. 이번에는 흡사 특이적 면역 체계를 보는 듯하죠?

세균이 크리스퍼 유전자 안에 보관하는 파지 DNA는 항상 21개의 염기쌍입니다. 흥미로운 사실은 DNA의 내용보다 DNA 조각의 크기가 중요하다는 것입니다. 즉, 어떤 DNA라도 21개의 염기쌍이면 크리스퍼 유전자 사이에 들어가서 해당 DNA 부위를 정확하게 자를 수 있다는 말입니다. 이제 크리스퍼 유전자 가위를 이용하면 DNA의 특정 부위를 정확하게 잘라 낼 수 있게 되었어요. 이러한 편집 능력 때문에 크리스퍼 기술은 세균뿐만 아니라 모든 생명체에 다양한 목적으로 적용되고 있습니다.

바이오테크놀로지가 이끄는 바이오산업(Bioindustry)은 실생활에 필요한 유용한 물질과 서비스를 제공하는 주요 산업으로 자리매김했어요. 2021년 코로나19의 위협에서 사람들을 지키기 위해 개발된 '유전공학 백신'만 보아도 실감할 수 있죠. 유전공학 백신은 주로 미생물 유전자를 편집해서 인간 세포가 직접 필요한 항체를 만들게 하는 첨단 바이오 기술입니다.

현재 사용되는 유전공학 백신은 크게 두 가지로 구분할 수 있습니다. 코로나19 백신으로 예를 들면, 종류에 따라 아스트라제네카 백신 그리고 화이자와 모더나 백신으로 나눌 수 있죠. 아스트라제네카 백신은 바이러스가 숙주 세포의 단백질 생산 체계를 강탈하여 증식하는 원리를 이용합니다. 먼저 코로나19 바이러스에서 감염성은 없고 항원으로만 작용할 수 있는 물질을 분리하여 인체에 안전한 다른 바이러스의 껍데기 일부로 집어넣습니다. 이런 바이러스가 인체에서 증식하면 당연히 거기에 섞여 있는 코로나19 항원이 만들어져 면역을 유도하게 되는 거죠. 이처럼 표적 병원체의 항원을 바이러스를 이용해 운반하는 백신을 '바이러스 벡터 백신'이라고 부릅니다.

화이자나 모더나 백신은 한 발 더 진보한 '핵산 백신'입니다. 표적 병원체의 항원 정보를 담고 있는 유전 물질(DNA 또는 mRNA)을 인체에 직접 주입하는 거예요. 그러면 세포 안에서 해당 병원체의 항원 단백질이 합성됩니다. 원리만 놓고 보면 제일 효과도 좋고 부작용도 적은 이상적인 백신이지만, 그만큼 실용화에 어려움이 있어서 그동안 연구 개발이 더뎠습니다. 그런데 아이러니하게도 코로나19 사태가 이런 최첨단 백신 실용화를 엄청나게 앞당겼네요.

바이오산업은 크게 레드(Red), 그린(Green), 화이트(White)의 세 부류 기술로 가를 수 있는데, 붉은 피가 연상되는 레드바이오는 의학적인 목표를 추구합니다. 좁게는 바이오 의약품 생산 기술에서 넓게는 유전자 및 줄기세포 치료와 바이오 인공 장기, 바이오 의료기기 생산 기술까지 아우르죠. 레드바이오를 통해 개인 맞춤형 예방과 치료로 건강 수명을 연장할 수 있을 것으로 기대됩니다.

보통 초록색 하면 풀이나 나무를 떠올립니다. 이처럼 그린바이오는 농업과 환경에 관련된 기술이에요. 그린바이오 기술은 식량과 자원 문제 해결의 주역이 될 것으로 예측되고 있습니다. 최근 들어서는 단순한 생산량의 증대를 넘어서 병충해에 강한 작물과 영양소가 강화된 작물 등을 개발하여 식량 자원의 질적 향상도 이끌고 있답니다.

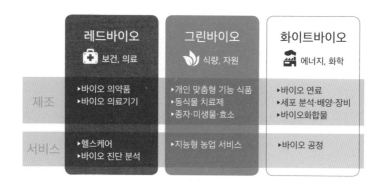

	레드바이오 보건, 의료	그린바이오 식량, 자원	화이트바이오 에너지, 화학
제조	▶바이오 의약품 ▶바이오 의료기기	▶개인 맞춤형 기능 식품 ▶동식물 치료제 ▶종자·미생물·효소	▶바이오 연료 ▶세포 분석·배양·장비 ▶바이오화합물
서비스	▶헬스케어 ▶바이오 진단 분석	▶지능형 농업 서비스	▶바이오 공정

바이오산업의 3대 분류

화이트바이오의 흰색은 공장 굴뚝에서 나오는 검은 연기를 줄일 수 있음을 나타냅니다. 기후 변화, 식량과 연료 부족, 환경 오염, 플라스틱 남용 등이 세계적인 이슈로 떠오르면서 이러한 문제점을 대체할 수 있는 산업으로 화이트바이오가 발전했어요. 화이트바이오의 핵심은 미생물 소재 또는 효소 등을 이용한 바이오 공정 개발입니다. 이때 옥수수, 콩, 사탕수수, 목재류 등 재생 가능한 식물 자원을 이용하거나 미생물, 효소 등을 활용하여 기존 화학산업의 소재를 바이오 기반으로 대체해요. 생물 공정을 거치기 때문에 제품 생산 과정에서 비교적 이산화탄소의 배출이 적고, 바이오매스가 이산화탄소를 흡수하므로 탄소 중립 문제까지 해결할 수 있는 대안으로 거론되죠. 환경 부담을 현저하게 줄일 수 있어 지속 가능 발전에도 크게 기여할 수 있습니다.

지속 가능 발전은 1992년 유엔환경개발회의에서 채택된 리우 환경선언문에서 추구한 이념입니다. 지속 가능성에 기초하여 경제 성장, 사회 안정과 통합, 환경 보전이 균형을 이루는 발전을 말해요. 실제로 2020년 만료된 교토의정서를 대체하여 2021년부터 적용된 기후 변화 협약(파리협정)을 비롯하여 많은 나라가 온실가스 배출 저감을 위한 국가적 노력으로서 화이트바이오 연구 개발을 지원하고 있습니다. 우리가 살아가야 하는 터전을 보호하고 지속 가능한 지구를 만들기 위해 앞으로도 화이트바이오 산업의 비중은 점점 더 커질 전망입니다.

우리나라에서도 지속 가능한 발전을 위해 2020년 12월에 '탄소 중립 추진전략'을 발표하기도 했어요. 또한, 2025년까지 세계 최초 천연 유화 균주 확보, 한국형 균주 사업화, 피부 효능 증강 기술 개발 등 다방면에서 기술 개발이 추진될 예정입니다. 뿐만 아니라 인체 내 미생물을 활용한 마이크로바이옴 원천 기술을 확보하려는 노력도 이루어질 것으로 보여요.

우리 미생물은 사람들과 함께 행복한 미래를 열어 갈 준비가 되어 있어요. 남북극의 빙하와 심해 화산의 분화구에서 여러분의 소화관에 이르기까지 미생물은 지구에 존재하는 생물 중 가장 널리 퍼져 있습니다. 게다가 그 종류도 제일 다양하죠. 하지만 이토록 많은 미생물 가운데 인류가 이제껏 분리하고 배양해서 확인한 것은 겨우 1퍼센트 남짓입니다. 자연계에는 아직 접하지 못한 미지의 미생물이 무수히 많다는 뜻입니다.

사람은 수많은 미생물 대부분을 눈으로 볼 수도, 몸으로 느낄 수도 없습니다. 하지만 우리 미생물은 여러분이 무엇을 하든 어디에 가든 늘 함께합니다. 그뿐인가요? 인류가 무엇을 하느냐에 따라 미생물도 변화하고, 그에 따라 다시 여러분이 영향을 받습니다. 과거의 역사와 경험을 통해서 이미 깨닫고 있지 않나요?

분명한 것은 미생물이 지구상에서 사라진다면 인간의 삶도 끝이라는 사실입니다. 반감보다는 공감의 마음으로 미생물을 바라보기 바랍니다. 여러분은 지구상 모든 삶의 반려자이자 조력자인 미생물과 함께 조화를 이루며 살아가야 하니까요.

미생물과 함께 여는
새로운 우주 시대

민간 기업이 우주개발을 주도하는 '새로운 우주 시대'가 열리고 있습니다. 이에 일론 머스크(Elon Musk)는 화성에 지구인이 살 수 있는 도시를, 제프 베이조스(Jeff Bezos)는 우주 어딘가에 주거 기지를 건설하고 싶다고 하네요. 하지만 두 사람 모두 그 뜻을 이루려면 우리 미생물과 먼저 상의해야 할걸요? 하하!

화성은 지구에서 상대적으로 가깝고 물이 있는 행성입니다. 비록 연평균 섭씨 영하 80도라는 상상을 초월하는 추위 탓에 꽁꽁 얼어 있지만요. 그럼 이 얼음을 녹여서 물을 얻는 게 순서일 거 같은데, 어떻게 해결할 수 있을까요? 우리는 아마도 이미 답을 알고 있을지 모릅니다. 우리 조상이 원시 지구에서 그랬던 것처럼 시아노박테리아 가문 출신 미생물 인재를 발굴해서 화성 개척 선봉장으로 세우는 거예요. 그래서 먼저 산소를 만들어 화성의 대기 조성을 바꾸는 거죠. 그 적임자로 남극 '드라이 밸리'에 사는 우리 친척 하나를 추천할게요.

서울 면적의 약 다섯 배(약 3000km^2)인 드라이 밸리의 기온은 섭씨 영하 80도에서 영상 15도 사이를 오르내립니다. 게다가 적어도 지난 200만 년 동안 비가 오지 않았다고 해요. 그나마 겨울에 조금 내리는 눈마저도 거센 바람에 흩날려 버리고 만다고 합니다. 그래서 지구에서 가장 화성을 닮은 곳으로 꼽히죠. 이런 곳에 우리 친척 크루코키디옵시스(Chroococcidiopsis)가 살고 있습니다. 주로 바위에 있는 작은 틈 사이에 터전을 잡고 광합성을 하죠. 이들은 화성의 혹독한 환경에서도 살 수 있을지 모릅니다. 그러면 광합성을 통해 화성의 대기는 물론이고 토양도 바꾸어 놓을 거예요.

이게 다가 아니에요. 우주선을 타고 화성까지 가려면 엄청난 양의 연료가 필요합니다. 그런데 화성에는 주유소가 없으니 출발할 때 지구 귀환에 필요한 연료를 싣고 가야만 합니다. 그런데 그 무게가 정말 어마어마해서 추가 운반 비용만 대략 80억 달러(약 8조 원)가 더 든다고 해요. 미생물은 이런 난제 해결의 열쇠도 쥐고 있답니다. 화성 현지에서 연료를 만들 수 있거든요!

앞서 소개한 생물 연료 기억하죠? 시아노박테리아를 키우면 광합성 산물인 당과 함께 자연스럽게 바이오매스가 생기잖아요. 이걸 발효해서 우주선 연료를 만드는 겁니다. 발효는 생명공학 기술로 개량한 대장균에게 맡기면 됩니다.

물론 이 같은 이야기들은 이론상으로는 가능하지만, 현실적으로는 넘어야 할 산이 많습니다. 무엇보다 화성 대기층을 두껍게 만들어 강력한 자외선을 차단하고 미생물이 쓸 수 있는 물을 만드는 게 급선무입니다. 어때요? 새로운 우주 시대를 열려면 반드시 우리 미생물과 힘을 합쳐야겠죠?

작지만 거대한 존재

흔히 건강의 기본은 튼튼한 장이라고 합니다. 우리가 맛있게 먹은 음식물을 소화해 영양분을 흡수하는 기관이 장이라는 것을 생각하면 절로 고개가 끄덕여집니다. 고온다습하고 영양분(먹이)이 풍부한 창자는 흡사 지구의 열대우림과도 같습니다. 우리 몸에서 미생물(특히 세균)이 가장 많이 사는 곳이죠. 어림잡아 대변 1그램 속에는 1000억 마리에 달하는 세균이 살아 숨 쉬고 있어요. 정말 중요한 것은 이들이 인체 일부로서 우리의 건강과 긴밀하게 연결되어 있다는 사실입니다.

인체는 우리가 먹는 음식을 소화하는 데 필요한 효소를 모두 갖추고 있지 않습니다. 그 대신 장내 미생물이 만들어 내는 효소에 부족한 부분을 의지하죠. 또한 장내 미생물은 각종 비타민과 항염증 물질 등 인간의 유전자로는 만들 수 없는 여러 유익한 화합물을 생산해 냅니다. 따라서 비만, 당뇨, 암, 염증성 장 질환 등 여러 질병이 장내 미생물과 직간접적으로 연관되어 있다는 사실은 놀랍기보다 오히려 당연해 보입니다.

장내 미생물은 알면 알수록 놀랍기 그지없는 존재예요. 이들이 사람의 몸은 물론이고 정신 건강에도 큰 영향력을 행사하고 있음이 차츰 드러나고 있거든요. 2021년 영국과 독일 공동 연구진은 메타분석을 통해 장내 미생물 생태계 교란이 초래하는 염증성 장 질환이 파킨슨병 발병 및 진행과 관련 있을 가능성을 제시했습니다. 메타분석은 특정 연구 주제에 대해 이루어진 여러 연구 결과를 수집해 재분석하는 연구 방법이에요.

파킨슨병은 중뇌에 위치한 흑질에 있는 도파민 분비 신경세포가 점진적으로 소실되면서 운동 기능이 제대로 조절되지 않아 떨림 증상과 몸의 강직 등이 나타나는 질병입니다. 그러나 어째서 흑질에 이러한 퇴행적 변화가 생기는지는 아직 밝혀지지 않았어요. 다만 일부 환자의 경우 유전적 요인과 독성 물질 같은 환경적 영향이 원인으로 지목되고 있습니다.

연구진은 총 1269명의 파킨슨병 환자에게 수집한 장내 미생물 데이터를 비교 분석한 후 몇 가지 주목할 만한 사실을 발견했어요. 우선 파킨슨병 환자의 장에 더 다양한 미생물이 서식하는 것으로 나타났습니다. 문제는 건강한 사람의 장에 서는 보기 드문 세균의 개체 수가 늘어난 반면, 건강을 지켜 주는 유익균의 수가 현저히 줄어들었다는 점이죠. 특히 파킨슨병 환자는 '뷰티르산(Butyrate)' 생성 세균이 눈에 띄게 감소하는 경향을 보였습니다.

뷰티르산은 장내 미생물이 만들어 내는 대표적인 대사 산물로, 우리 몸의 면역 기능과 염증 반응 조절에 중요한 역할을 합니다. 또한, 소장과 대장의 내막 표면을 이루는 세포층인 상피세포를 강화해 염증 및 발암 위험을 낮추는 데에도 일조해요. 사실 뷰티르산을 비롯한 짧은 사슬 지방산은 장 건강은 물론이고 장신경계에도 영향을 미칩니다. 그래서 잠재적으로 중추신경계(뇌)에까지 영향력을 행사하죠. 그러니까 어떤 요

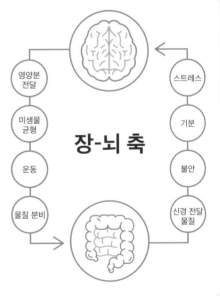

서로 연결되어 상호 작용하는 뇌와 장

인에 의해서든 장내 미생물 조성이 변하면 짧은 사슬 지방산의 생산량과 종류가 달라질 수밖에 없습니다. 더욱이 짧은 사슬 지방산은 '혈액-뇌 장벽(BBB, Blood-brain Barrier)'을 통과해 뇌로 들어갈 수 있으므로 장내 미생물 조성이 달라지면 뇌 또한 그 영향을 받을 수밖에 없겠죠.

식도에서 항문에 이르기까지 촘촘히 분포하고 있는 장신경세포는 기본적으로 자율신경계를 통해 뇌와 소통합니다. 배가 고프면 신경이 예민해지고, 스트레스를 받으면 소화가 잘 안 되는 것이 그 생생한 증거이죠. 그런데 종종 식탐에 무너지고 마는 자신을 볼 때면 장신경계가 뇌의 명령에 복종하기는커녕 뇌를 조종하는 게 아닐까 하는 생각도 들곤 합니다. 다이어트는 내일부터 하고 딱 오늘까지만 마음껏 먹자고 자기 합리화해 본 경험이 있다면 공감할 수 있을 거예요.

진화생물학적 관점에서 보면, 애당초 뇌는 장의 목적을 수행하기 위해 만들어진 것일지도 모릅니다. 이를테면 뇌의 진화는 생존에 있어서 가장 근본이 되는 '먹고 소화하기' 장치에 먹이 찾기, 위험 회피, 짝 찾기 장치 등이 추가되어 온 과정일 수도 있다는 거죠. 이런 맥락에서 장신경계를 '제2의 뇌'로 간주하자는 견해도 있어요. 어떻게 되었든 뇌 배후에 장내 미생물이 있다는 사실만은 분명해 보입니다. 그리고 우리는 이 작지만 거대한 존재에 대해서 이제 막 알아 가기 시작했죠.

참고 문헌

강범식 · 김응빈,『토토라 미생물학 포커스』, 바이오사이언스, 2018.

김동규 · 김응빈,『미생물이 플라톤을 만났을 때』, 문학동네, 2019.

김응빈,『나는 미생물과 산다』, 을유문화사, 2018.

김응빈,『미생물에게 어울려 사는 법을 배운다』, 샘터, 2019.

김응빈,『술, 질병, 전쟁 미생물이 만든 역사』, 교보문고, 2021.

김응빈,『온통, 미생물 세상입니다』, 연세대학교 대학출판문화원, 2021.

남지현 · 김시욱 · 이동훈,「음식물 쓰레기를 이용한 3단계 메탄생산 공정의 미생물 다양성」,『미생물학회지』48권 2호, 2012.

A. Joshi, K. Verma, V. Rajput, T. Minkina & J. Arora,「Recent advances in metabolic engineering of microorganisms for advancing lignocellulose-derived biofuels」,『Bioengineered』13(4), 2022.

A. Smith, D. Skilling, J. Castello & S. Rogers,「Ice as a reservoir for pathogenic human viruses : Specifically, caliciviruses, influenza viruses, and enteroviruses」,『MEDICAL HYPOTHESES』63(4), 2004.

B. Nataraj, S. Ali, P. Behare & H. Yadav,「Postbiotics-parabiotics : The new horizons in microbial biotherapy and functional foods」,『Microbial Cell Factories』19(1), 2020.

C. Mullineaux & A. Wilde,「The social life of cyanobacteria」elife, 2021.

C. Stephens,「Pathogen evolution : How good bacteria go bad」,『Current Biology』11(2), 2001.

F. Lassalle, M. Spagnoletti, M. Fumagalli, L. Shaw, M. Dyble, C. Walker, M. Thomas, A. Migliano & F. Balloux,「Oral microbiomes from hunter-gatherers and traditional farmers reveal shifts in commensal balance and pathogen load linked to diet」,『Molecular Ecology』27(1), 2018.

K. Kashefi & D. Loveley, 「Extending the upper temperature limit for life」, 『Science』 301(5635), 2003.

K. Rapp, J. Jenkins & M. Betenbaugh, 「Partners for life : Building microbial consortia for the future」, 『Current Opinion in Biotechnology』 66, 2020.

K. Timmis, K. Timmis, R. Cavicchioli, J. Garcia, B. Nogales, M. Chavarría, L. Stein, T. McGenity, N. Webster, B. Singh, J. Handelsman, V. Lorenzo, C. Pruzzo, J. Timmis, J. Martín, W. Verstraete, M. Jetten, A. Danchin, W. Huang, J. Gilbert, R. Lal, H. Santos, S. Lee, A. Sessitsch, P. Bonfante, L.e Gram, R. Lin, E. Ron, Z. Karahan, J. Meer, S. Artunkal, D. Jahn & L. Harper, 「The urgent need for microbiology literacy in society : Children as educators」, 『Environmental Microbiology』 21(5), 2019.

N. Grandi & E. Tram ontano, 「Human endogenous retroviruses are ancient acquired elements still shaping innate immune responses」, 『Frontiers in Immunology』 9, 2018.

N. Kruyer, M. Realff, W. Sun, C. Genzale & P. Peralta-Yahya, 「Designing the bioproduction of Martian rocket propellant via a biotechnology-enabled in situ resource utilization strategy」, 『Nature Communications』 12(1), 2021.

S. Sara, H. Gustavo, Iqbal M. N, B. Damiá & P. Roberto, 「Bioremediation potential of *Sargassum* sp. biomass to tackle pollution in coastal ecosystems : Circular economy approach」, 『Science of the Total Environment』 715, 2020.

S. Woo, S. Moon, S. Kim, T. Kim, H. Lim, G. Yeon, B. Sung, C. Lee, S. Lee, J. Hwang & D. Lee, 「A designed whole-cell biosensor for live diagnosis of gut inflammation through nitrate sensing」, 『Biosensors and Bioelectronics』 168, 2020.

Y. Bar-On, A. Flamholz, R. Phillips & R. Milo, 「SARS-CoV-2(COVID-19) by the numbers」, eLife, 2020.

Y. Liu, K. Makarova, W. Huang, Y. Wolf, A. Nikolskaya, X. Zhang, M.i Cai, C. Zhang, W. Xu, Z. Luo, L. Cheng, E. Koonin & M. Li, 「Expanded diversity of Asgard archaea and their relationships with eukaryotes」, 『Nature』 593(7860), 2021.

참고 사이트

Biosphere 2 (www.biosphere2.org)

HARDY DIAGNOSTICS (www.hardydiagnostics.com)

NIH Human Microbiome Project (www.hmpdacc.org)

RECOMPOSE (www.recompose.life)

TEF (www.toxedfoundation.org)

THE CONVERSATION (www.theconversation.com)

WHYY (www.whyy.org)

미생물과의 마이크로 인터뷰

© 김웅빈, 2022

초판 1쇄 발행일 | 2022년 5월 9일
초판 2쇄 발행일 | 2022년 11월 8일

지은이 | 김웅빈
펴낸이 | 정은영
편   집 | 문진아 최수인 정사라
디자인 | 서은영
마케팅 | 최금순 오세미 공태희
제   작 | 홍동근

펴낸곳 | (주)자음과모음
출판등록 | 2001년 11월 28일 제2001-000259호
주   소 | 10881 경기도 파주시 회동길 325-20
전   화 | 편집부 (02)324-2347, 경영지원부 (02)325-6047
팩   스 | 편집부 (02)324-2348, 경영지원부 (02)2648-1311
이메일 | jamoteen@jamobook.com
블로그 | blog.naver.com/jamogenius

ISBN 978-89-544-4827-7(43470)

이 책은 대한민국 교육부와 한국연구재단의 지원을 받아 수행한 연구를 바탕으로 집필하였음
(NRF-2019S1A5C2A04083293).